中国重要农业文化遗产系列读本

浙江青田稻鱼共生系统

ZHEJIANG QINGTIAN
DAOYUGONGSHENG XITONG

闵庆文　邵建成◎丛书主编
焦雯珺　闵庆文◎主编

中国农业出版社

图书在版编目（CIP）数据

浙江青田稻鱼共生系统 / 焦雯珺，闵庆文主编. -- 北京：中国农业出版社，2014.10
（中国重要农业文化遗产系列读本 / 闵庆文，邵建成主编）
ISBN 978-7-109-19570-7

Ⅰ.①浙… Ⅱ.①焦… ②闵… Ⅲ.①稻田养鱼－介绍－青田县 Ⅳ.① S964.2

中国版本图书馆CIP数据核字（2014）第226379号

中国农业出版社出版
（北京市朝阳区麦子店街18号楼）
（邮政编码 100125）
责任编辑 刘宁波

北京中科印刷有限公司印刷 新华书店北京发行所发行
2015年10月第1版 2015年10月北京第1次印刷

开本：710mm×1000mm 1/16 印张：10.75
字数：237千字
定价：39.00元

编写委员会

丛书主编：闵庆文　邵建成

主　　编：焦雯珺　闵庆文

副 主 编：吴敏芳　孙业红

编　　委（按姓名笔画排序）：

王旭海　史媛媛　刘　珊　刘某承

李永乐　何　露　张　丹　张小海

陈介武　郑召霞　秦向东　耿艳辉

徐向春

丛书策划：宋　毅　刘博浩

序言 1

重要农业文化遗产是沉睡农耕文明的呼唤者，是濒危多样物种的拯救者，是悠久历史文化的传承者，是可持续性农业的活态保护者。

重要农业文化遗产——源远流长

回顾历史长河，重要农业文化遗产的昨天，源远流长，星光熠熠，悠久历史积淀下来的农耕文明凝聚着祖先的智慧结晶。中国是世界农业最早的起源地之一，悠久的农业对中华民族的生存发展和文明创造产生了深远的影响，中华文明起源于农耕文明。距今1万年前的新石器时代，人们学会了种植谷物与驯养牲畜，开始农业生产，很多人类不可或缺的重要农作物起源于中国。

《诗经》中描绘了古时农业大发展，春耕夏耘秋收的农耕景象："畟畟良耜，俶载南亩。播厥百谷，实函斯活。或来瞻女，载筐及莒，其饟伊黍。其笠伊纠，其镈斯赵，以薅荼蓼。荼蓼朽止，黍稷茂止。获之挃挃，积之栗栗。其崇如墉，其比如栉。以开百室，百室盈止。"又有诗云"绿遍山原白满川，子规声里雨如烟。乡村四月闲人少，才了蚕桑又插田"。《诗经·周颂》云"载芟，春籍田而祈社稷也"，每逢春耕，天子都要率诸侯行观耕藉田礼。至此中华五千年沉淀下了悠久深厚的农耕文明。

农耕文明是我国古代农业文明的主要载体，是孕育中华文明的重要组成部分，是中华文明立足传承之根基。中华民族在长达数千年的生息发展过程中，凭借着独特而多样的自然条件和人类的勤劳与智慧，创造了种类繁多、特色明显、经济与生态价值高度统一的传统农业生产系统，不仅推动了农业的发展，保障了百姓的生计，促进了社会的进步，也由此衍生和创造了悠久灿烂的中华文明，是老祖宗留给我们的宝贵遗产。千岭万壑中鳞次栉比的梯田，烟波浩渺的古茶庄园，波光粼粼和谐共生的稻鱼系统，广袤无垠的草原游牧部落，见证着祖先吃苦耐劳和生生不息的精神，孕育着自然美、生态美、人文美、和谐美。

重要农业文化遗产——传承保护

时至今日，我国农耕文化中的许多理念、思想和对自然规律的认知，在现代生活中仍具有很强的应用价值，在农民的日常生活和农业生产中仍起着潜移默化的作用，在保护民族特色、传承文化传统中发挥着重要的基础作用。挖掘、保护、传承和利用我国重要农业文化遗产，不仅对弘扬中华农业文化，增强国民对民族文化的认同感、自豪感，以及促进农业可持续发展具有重要意义，而且把重要农业文化遗产作为丰富休闲农业的历史文化资源和景观资源加以开发利用，能够增强产业发展后劲，带动遗产地农民就业增收，实现在利用中传承和保护。

习近平总书记曾在中央农村工作会议上指出，“农耕文化是我国农业的宝贵财富，是中华文化的重要组成部分，不仅不能丢，而且要不断发扬光大”。2015年，中央一号文件指出要“积极开发农业多种功能，挖掘乡村生态休闲、旅游观光、文化教育价值。扶持建设一批具有历史、地域、民族特点的特色景观旅游村镇，打造形式多样、特色鲜明的乡村旅游休闲产品”。2015政府工作报告提出“文化是民族的精神命脉和创造源泉。要践行社会主义核心价值观，弘扬中华优秀传统文化。重视文物、非物质文化遗产保护”。当前，深入贯彻中央有关决策部署，采取切实可行的措施，加快中国重要农业文化遗产的发掘、保护、传承和利用工作，是各级农业行政管理部门的一项重要职责和使命。

由于尚缺乏系统有效的保护，在经济快速发展、城镇化加快推进和现代技术应用的过程中，一些重要农业文化遗产正面临着被破坏、被遗忘、被抛弃的危险。近年来，农业部高度重视重要农业文化遗产挖掘保护工作，按照“在发掘中保护、在利用中传承”的思路，在全国部署开展了中国重要农业文化遗产发掘工作。发掘农业文化遗产的历史价值、文化和社会功能，探索传承的途径、方法，逐步形成中国重要农业文化遗产动态保护机制，努力实现文化、生态、社会和经济效益的统一，推动遗产地经济社会协调可持续发展。组建农业部全球重要农业文化遗产专家委员会，制定《中国重要农业文化遗产认定标准》《中国重要农业文化遗产申报书编写导则》和《农业文化遗产保护与发展规划编写导则》，指导有关省区市积极申报。认定了云南红河哈尼稻作梯田系统、江苏兴化垛田传统农业系统等39个中国重要农业文化遗产，其中全球重要农业文化遗产11个，数量占全球重要农业文化遗产总数的35%，目前，第三批中国重要农业文化遗产发掘工作也已启动。这些遗产包括传统稻作系统、特色农业系统、复合农业系统和传统特色果园等多种类型，具有悠久的历史渊源、独特的农业产品、丰富的生物资源、完善的知识技术体系以及较高的美学和文化价值，在活态性、适应性、复合性、战略性、多功能性和濒危性等方面具有显著特征。

重要农业文化遗产——灿烂辉煌

重要农业文化遗产有着源远流长的昨天，现今，我们致力于做好传承保护工作，相信未来将会迎来更加灿烂辉煌的明天。发掘农业文化遗产是传承弘扬中华文化的重要内容。农业文化遗产蕴含着天人合一、以人为本、取物顺时、循环利用的哲学思想，具有较高的经济、文化、生态、社会和科研价值，是中华民族的文化瑰宝。

未来工作要强调对于兼具生产功能、文化功能、生态功能等为一体的农业文化遗产的科学认识，不断完善管理办法，逐步建立“政府主导、多方参与、分级管理”的体制；强调“生产性保护”对于农业文化遗产保护的重要性，逐步建立农业文化遗产的动态保护与适应性管理机制，探索农业生态补偿、特色优质农产品开发、休闲农业与乡村旅游发展等方面的途径；深刻认识农业文化遗产保护的必要性、紧迫性、艰巨性，探索农业文化遗产保护与现代农业发展协调机制，特别要重视生态环境脆弱、民族文化丰厚、经济发展落后地区的农业文化遗产发掘、确定与保护、利用工作。各级农业行政管理部门要加大工作指导，对已经认定的中国重要农业文化遗产，督促遗产所在地按照要求树立遗产标识，按照申报时编制的保护发展规划和管理办法做好工作。要继续重点遴选重要农业文化遗产，列入中国重要农业文化遗产和全球重要农业文化遗产名录。同时要加大宣传推介，营造良好的社会环境，深挖农业文化遗产的精神内涵和精髓，并以动态保护的形式进行展示，能够向公众宣传优秀的生态哲学思想，提高大众的保护意识，带动全社会对民族文化的关注和认知，促进中华文化的传承和弘扬。

由农业部农产品加工局（乡镇企业局）指导，中国农业出版社出版的“中国重要农业文化遗产系列读本”是对我国农业文化遗产的一次系统真实的记录和生动的展示，相信丛书的出版将在我国重要文化遗产发掘保护中发挥重要意义和积极作用。未来，农耕文明的火种仍将亘古延续，和天地并存，与日月同辉，发掘和保护好祖先留下的这些宝贵财富，任重道远，我们将在这条道路上继续前行，力图为人类社会发展做出新贡献。

农业部党组成员

序言2

人类历史文明以来，勤劳的中国人民运用自己的聪明智慧，与自然共融共存，依山而住、傍水而居，经一代代的努力和积累创造出了悠久而灿烂的中华农耕文明，成为中华传统文化的重要基础和组成部分，并曾引领世界农业文明数千年，其中所蕴含的丰富的生态哲学思想和生态农业理念，至今对于国际可持续农业的发展依然具有重要的指导意义和参考价值。

针对工业化农业所造成的农业生物多样性丧失、农业生态系统功能退化、农业生态环境质量下降、农业可持续发展能力减弱、农业文化传承受阻等问题，联合国粮农组织（FAO）于2002年在全球环境基金（GEF）等国际组织和有关国家政府的支持下，发起了“全球重要农业文化遗产（GIAHS）”项目，以发掘、保护、利用、传承世界范围内具有重要意义的，包括农业物种资源与生物多样性、传统知识和技术、农业生态与文化景观、农业可持续发展模式等在内的传统农业系统。

全球重要农业文化遗产的概念和理念甫一提出，就得到了国际社会的广泛响应和支持。截至2014年底，已有13个国家的31项传统农业系统被列入GIAHS保护名录。经过努力，在今年6月刚刚结束的联合国粮农组织大会上，已明确将GIAHS工作作为一项重要工作，并纳入常规预算支持。

中国是最早响应并积极支持该项工作的国家之一，并在全球重要农业文化遗产申报与保护、中国重要农业文化遗产发掘与保护、推进重要农业文化遗产领域的国际合作、促进遗产地居民和全社会农业文化遗产保护意识的提高、促进遗产地经济社会可持续发展和传统文化传承、人才培养与能力建设、农业文化遗产价值评估和动态保护机制与途径探索等方面取得了令世人瞩目的成绩，成为全球农业文化遗产保护的榜样，成为理论和实践高度融合的新的学科生长点、农业国际合作的特色工作、美丽乡村建设和农村生态文明建设的重要抓手。自2005年"浙江青田稻鱼共生系统"被列为首批"全球重要农业文化遗产系统"以来的10年间，我国已拥有11个全球重要农业文化遗产，居于世界各国之首；2012年开展中国重要农业文化遗产发掘与保护，2013年和2014年共有39个项目得到认定，成为最早开展国家级农业文化遗产发掘与保护的国家；重要农业文化遗产管理的体制与机制趋于完善，并初步建立了"保护优先、合理利用，整体保护、协调发展，动态保护、功能拓展，多方参与、惠益共享"的保护方针和"政府主导、分级管理、多方参与"的管理机制；从历史文化、系统功能、动态保护、发展战略等方面开展了多学科综合研究，初步形成了一支包括农业历史、农业生态、农业经济、农业政策、农业旅游、乡村发展、农业民俗以及民族学与人类学等领域专家在内的研究队伍；通过技术指导、示范带动等多种途径，有效保护了遗产地农业生物多样性与传统文化，促进了农业与农村的可持续发展，提高了农户的文化自觉性和自豪感，改善了农村生态环境，带动了休闲农业与乡村旅游的发展，提高了农民收入与农村经济发展水平，产生了良好的生态效益、社会效益和经济效益。

习近平总书记指出，农耕文化是我国农业的宝贵财富，是中华文化的重要组成部分，不仅不能丢，而且要不断发扬光大。农村是我国传统文明的发源地，乡土文化的根不能断，农村不能成为荒芜的农村、留守的农村、记忆中的故园。这是对我国农业文化遗产重要性的高度概括，也为我国农业文化遗产的保护与发展指明了方向。

尽管中国在农业文化遗产保护与发展上已处于世界领先地位，但比较而言仍然属于“新生事物”，仍有很多人对农业文化遗产的价值和保护重要性缺乏认识，加强科普宣传仍然有很长的路要走。在农业部农产品加工局（乡镇企业局）的支持下，中国农业出版社组织、闵庆文研究员担任丛书主编的这套“中国重要农业文化遗产系列读本”，无疑是农业文化遗产保护宣传方面的一个有益尝试。每本书均由参与遗产申报的科研人员和地方管理人员共同完成，力图以朴实的语言、图文并茂的形式，全面介绍各农业文化遗产的系统特征与价值、传统知识与技术、生态文化与景观以及保护与发展等内容，并附以地方旅游景点、特色饮食、天气条件。可以说，这套书既是读者了解我国农业文化遗产宝贵财富的参考书，同时又是一套农业文化遗产地旅游的导游书。

我十分乐意向大家推荐这套丛书，也期望通过这套书的出版发行，使更多的人关注和参与到农业文化遗产的保护工作中来，为我国农业文化的传承与弘扬、农业的可持续发展、美丽乡村的建设作出贡献。

是为序。

李文華

中国工程院院士

联合国粮农组织全球重要农业文化遗产指导委员会主席

农业部全球/中国重要农业文化遗产专家委员会主任委员

中国农学会农业文化遗产分会主任委员

中国科学院地理科学与资源研究所自然与文化遗产研究中心主任

2015年6月30日

前言

自联合国联农组织启动“全球重要农业文化遗产（GIAHS）”项目以来，中国政府率先响应，申报了一批独具特色的农业文化遗产。截至2014年底，在13个国家的31项全球重要农业文化遗产中，我国拥有11项，位居世界首位。2005年6月，“浙江青田稻鱼共生系统”被联合国粮农组织认定为全球重要农业文化遗产，成为全球首批5个全球重要农业文化遗产之一、中国第一个全球重要农业文化遗产。2013年，“浙江青田稻鱼共生系统”被农业部列入首批“中国重要农业文化遗产（China-NIAHS）”名录。

青田县位于浙江省中南部，瓯江流域的中下游，1 300多年以来一直保持着传统的农业生产方式——稻田养鱼，并不断发展出独具特色的稻鱼文化。稻鱼共生系统，即稻田养鱼，是一种典型的生态农业生产方式。系统内水稻和鱼类共生，通过内部自然生态协调机制，实现系统功能的完善。系统既可使水稻丰产，又能充分利用稻田养殖鱼类；促进了稻田生态系统的物质循环与能量流动，提高了生产效益；减少了化肥农药的使用，保护了农田生态环境；提高了当地居民的生活质量，传承了地方农耕文化。目前，稻鱼共生系统已不仅仅是一项传统的农业技术，更是一种文化、一种精神和一种象征。作为全球重要农业文化遗产，青田稻鱼共生系统具有重要的中国传统农业生产特征与文化特色。然而，随着社会经济的快速发展，青田稻鱼共生系统的保护与可持续利用也面临着许多问题。本书将有助于读者了解该系统得以延续的原因及其当前所面临的威胁与挑战，而且有助于增强读者对中国传统农业文化的保护意识。

全书包括八部分：引言，简要介绍了青田稻鱼共生系统的概况；稻鱼之源，介绍了稻田养鱼的历史起源与发展历程及其独特性与创造性；稻鱼之本，介绍了水稻与鱼的良好生长环境以及稻鱼共生系统的显著生态功能；稻鱼之技，介绍了稻鱼共生系统中重要的传统农业技术；稻鱼之魂，介绍了稻鱼共生系统所蕴含的传统文化及其相关的文学艺术作品；稻鱼之美，介绍了稻鱼共生系统的景观特征和遗产地优美的自然风光；稻鱼之路，介绍了稻鱼共生系统当前面临的威胁与挑战，以及保护与发展对策；附录部分主要是遗产地旅游资讯和全球/中国重要农业文化遗产名录。

本书是在青田稻鱼共生系统农业文化遗产申报文本和保护与发展规划基础上，通过进一步调研编写完成的，是集体智慧的结晶。全书由闵庆文、焦雯珺设计框架，闵庆文、焦雯珺、吴敏芳、孙业红统稿，陈介武、刘某承、张丹、刘珊、史媛媛、何露、王旭海、张小海、徐向春、耿艳辉、郑召霞、秦向东、李永乐参加编写或参与讨论。编写过程中，得到了李文华院士的具体指导、得到了农业部国际合作司、农产品加工局和青田县人民政府的大力支持，得到了中国农业出版社生活文教出版分社张丽四副社长的悉心指导，在此表示衷心感谢。

本书编写过程中，参阅了许多颇有意义的文献资料，限于篇幅，恕不一一列出，敬请谅解。由于水平所限，难免存在不当之处，敬请读者批评指正。

稻鱼共生系统（吴敏芳/摄）

青田田鱼（朱品成/摄）

目 录

引言

水稻是世界上最重要的粮食作物之一，占全球人口热量供给的20%。全世界90%的水稻田分布于亚洲，其中90%分布于湿润地区，需要灌溉、雨养或者深水灌溉。

在天气温和、降雨充沛的好年景中，鲤鱼能够生产大量鱼卵，一些聪明的农民就将多余的鱼苗放入水稻田中进行养殖。这些养在稻田中的鱼长势甚至好于池塘里的鱼，于是稻田养鱼便成为一种生产方式开始得到推广。虽然没有明确的时间记载，但这似乎合理解释了稻田养鱼在中国的出现。早期关于稻田养鱼的文字记载，出现在三国时期曹操（公元200–265年）所著的《魏武四时食制》中。该书明确记载，“郫县子鱼，黄鳞赤尾，出稻田，可以为酱”。

而关于稻田养鱼最早的记录是在绘画而不是文字中发现的。例如，在1978年陕西省勉县出土的4个东汉古墓中，发现了200多件遗迹，其中有一个保存完好的水稻田模型，包括18个水生植物和动物的小型陶器，其上雕刻着青蛙、鳝鱼、蜗牛、鲫鱼、草鱼、鲤鱼和乌龟。这些遗迹不仅证明了稻鱼共生早在约2 000年前就已存在，而且还证明了早期的稻鱼共生系统是多种多样的。

江浙一带在历史上属春秋时期的吴越国，越族在这里土生土长。在经历越灭吴、楚灭越、秦灭楚、汉灭秦的巨大变化之后，在吴越原地未迁移的越人，因不愿受汉族统治，纷纷逃到江、浙、皖一带的深山里，被称为山越。永嘉、青田即曾为山越的分布地。当山越被迫逃进山区后，他们原先“饭稻羹鱼”生活中的河海鱼食失去来源，原有的生活方式难以为继。“稻田养鱼”可以说是山越对“饭稻羹鱼”的应变和创新。

《青田县志》载：旧青田“九山半水半分田”。境内以丘陵低山为主，虽地处

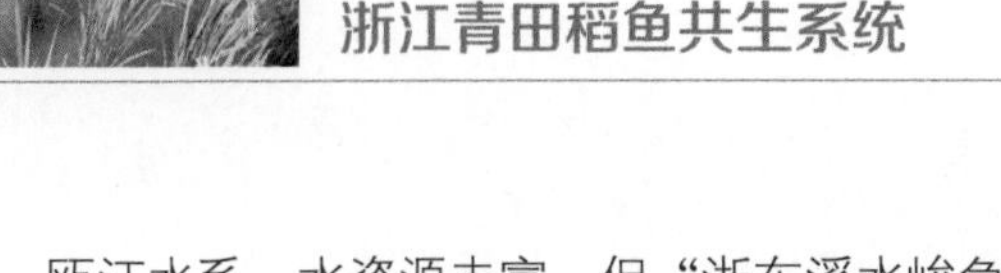

瓯江水系，水资源丰富，但“浙东溪水峻急，多滩石，鱼随水触石皆死，故有溪无鱼”。在山区种植水稻，可以利用山间的流水和自然降雨获得保证，但是食鱼仅限于山溪水涧里的少量鱼类，山区又难以普遍开挖池塘养鱼，因此无法满足需要。将鱼放到稻田里繁殖，就成了在特定的资源禀赋条件下的必然选择。经过反复的试养和驯化，终于从鲤鱼中选择出一种适宜于稻田饲养的“田鱼”来。

青田田鱼，肉质细嫩，无泥腥气，味道鲜美，鱼鳞柔嫩可食，兼具观赏与养殖价值。由于青田是个侨乡，大量的中青年都侨居欧洲各国，青田农民就利用田鱼的这种特色，加工成鱼干或直接把活鱼空运到欧洲，供应欧洲华侨开的中餐馆，深受欧洲人的喜欢。青田县的田鱼出了名，带动了当地的旅游观光业，农民也富裕起来了。

稻鱼共生还具有显著的生态效益。田鱼觅食时，搅动水体，为水稻根系生长提供了氧气，能够促进水稻的生长。田鱼以稻田里的猪毛草、鸭舌草等杂草以及叶蝉等害虫为食，从而减少甚至无需使用农药和除草剂。田鱼的排泄物又给稻田施加了有机肥料，减少了化肥的大量使用。人们收获了田鱼和稻米，动植物蛋白质齐全，不仅满足了营养需求，而且提高了经济效益。

悠久的历史使稻田养鱼已经成为一种文化，不仅包括农业知识和传统农具，而且包括地方风俗、节日、饮食等。在稻田养鱼历史悠久的青田县，农民有熏晒田鱼干的传统，并将其视为逢年过节、请客送礼的珍品。村里人的女儿出嫁，有将田鱼（鱼种）作为嫁妆的习俗。“青田鱼灯舞”和“青田石雕”亦名闻遐迩，成为当地节庆必不可少的内容。

由于青田稻田养鱼悠久的历史传统和持续至今的实践，2005年被联合国粮农组织列为首批“全球重要农业文化遗产”（GIAHS），2013年被农业部评为首批“中国重要农业文化遗产”（China-NIAHS）。

一 稻鱼之源

（一）悠久的历史

❶ 历史起源

自春秋末期越大夫范蠡尝试堰塘养鱼以来，淡水鱼类养殖一直就是江浙地区重要的农业生产方式之一。水耕火耨、饭稻羹鱼是对吴越地区生活方式的极好概括。古越人经越灭吴、楚灭越、秦灭楚、汉灭秦的巨大变化，秦及西汉曾数次强迫越人大规模北迁至黄淮河一带，同中原人合居，慢慢被中原人同化。留下的越人，一部分往东逃到沿海岛屿，被称为外越；外越的一部分更继续渡海去了日本，同时把水稻种植也带了过去，从此日本有了水稻。古越人同日本的原住民虾夷人通婚，世代繁衍，成为日本民族。原来的虾夷人遭到不断排挤，迁往今北海道和琉球群岛，成为日本的少数民族。另一部分越人，陆续向内地迁移，抵达今西南广西、贵州一带，定居下来，被称为百越的后裔。在吴越原地未迁移的越人，因不愿受汉族统治，纷纷逃到江、浙、皖一带的深山里，被称为山越。山越经过与汉族的不断斗争，最后与汉族完全融合，到唐宋时文献里已不见山越的记载了。

青田曾为山越的分布地。当山越人被迫逃进山区后，原先“饭稻羹鱼”的生活中河海鱼食失去来源，又不如平原河网地带适合大规模开塘养鱼，为维系原有的生活方式，这一地区的农民开始利用稻田养殖淡水鱼类，并经过反复的试养和驯化，形成了天然的稻鱼共生系统。同时，农民利用稻田养鱼技术及特殊的小气候培育了青田特有的田鱼品种，这就是今天的青田田鱼。

据史料记载，青田县的稻田养鱼始于唐睿宗景云二年（公元711年），至今已有1 300多年的历史。但依据理论分析，稻田养鱼在江浙地区可以追溯到更早的汉或战国时期。

❷ 明清—民国时代的发展

青田县建于唐景云二年（711年），隶属括州。自南宋绍定年间（公元1228—1233年）始修第一部县志，至光绪元年（1875年）共编纂8部《青田县志》，前4部已佚。这些县志对稻田养鱼有着明确的记录，是研究青田稻田养鱼历史的珍贵资料。

明洪武二十四年（1392年）《青田县志》记载“田鱼有红黑驳数色，于稻田及圩池养”，这是有关青田田鱼养殖的最早文字记录，距今有600多年的历史。清光绪年间编撰的《青田县志》中也有“田鱼，有红、黑、驳数色，土人在稻田及圩池中养之”的记载。

在明清—民国时期的文献当中，浙江的稻鱼共生或轮作在史料中多有提及。这一技术在当时的江浙一带广泛分布，已经形成粗放的技术模式。养殖品种主要为田鱼和泥鳅。养殖方式主要为稻鱼共生，投入鱼苗后任其自然生长，4至8个月即可收获。收获鱼类时利用竹篾等编织的篮子放饵诱之。除鱼类以外，田螺、蛙、毛蟹等一些水生生物也见于稻田之中。

史料证明，青田的稻田养鱼是原生的文化现象。且清中期以后，农人稻田养鱼已不仅为自给，同时也赚取一定的收益。

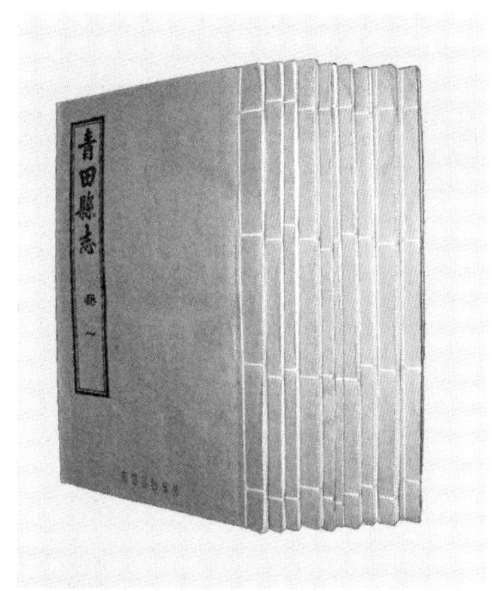

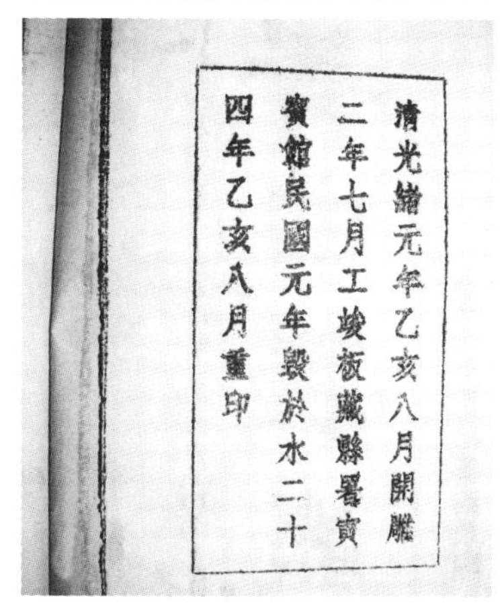
清光緒元年乙亥八月開雕
二年七月工竣板藏縣署賓
館民國元年燬於水二十
四年乙亥八月重印

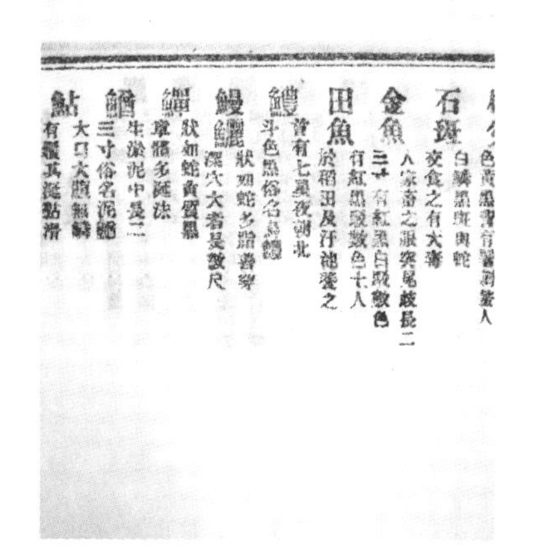
石斑 白鱗黑斑與蛇交食之有大毒
金魚 人家畜之眼突尾歧長二三寸有紅黑白駁數色
田魚 有紅黑駁數色土人於稻田及汙池養之
鱧 首有七星夜朝北斗色黑俗名烏鱧
鰻鱺 狀如蛇多脂善穿深穴大者長數尺
鱓 狀如蛇黃質黑章體多涎沫
鰌 生淤泥中長二三寸俗名泥鰌
鮎 大口大腹無鱗有癡其涎黏滑

《青田县志》关于田鱼的记载
（青田县农业局/提供）

明清时期青田及周边地区的稻田养鱼

年代	品种	养殖技术	史料	出处
明 洪武	田鱼	养于稻田或人工圩塘之中	田鱼有红黑驳数色，于稻田及圩池养之。	《青田县志》
清 嘉庆	泥鳅	养于浅水田	鳝生下田浅淖中，似鳝，俗呼泥鳅。	《西安县志》转引《正字通》
清 光绪	田鱼	养于稻田或人工圩塘之中	田鱼，有红、黑、驳数色，土人在稻田及圩池中养之。	《青田县志》卷四《风土 物产》
清 光绪	泥鳅		泥鳅，捕者亦多，夏秋之交与野塘及晚秋稻田者捕之。	《汤溪县志》卷六《食货》
民国	田鲤	稻鱼共生或塘养	鲤鱼，河、溪皆有，畜池塘中。……又一种春售鱼秧，似针，放畜稻禾水田。及秋，取之，可十两许。若放池塘中，迟之又久。大者可二三斤，较河鲤色稍黑，肉略肥，味亦相近。俗谓之田鲤鱼。	《宣平县志》卷五《实业志》
民国	泥鳅	篾笼呈饵料扑捉泥鳅	（鳝鱼）……土人以小篾笼内纳芳香饵少许，夜放水田中，次早收售，自四月至八月颇有利。	《宣平县志》卷五《实业志》
民国	鲇鱼		北区胥村鲇鱼山脚最多，簇聚水田。四五月间，往往千百成群，经冬则无。	《建德县志》卷二《实业志》

❸ 新中国成立后的发展

新中国成立后，青田的稻田养鱼技术在保持传统的同时得到的建议发展。稻田养鱼的面积与产量也逐渐提高。1949年，青田县稻田养鱼面积不足1万亩*，产量约2.5万千克。1955年，青田县成立农业生产合作社，实行“水稻集体种，田鱼分户养”的管理模式，鼓励农户饲养田鱼。1958年，稻田养鱼面积上升至3万亩，产量达10.5万千克。1960年，青田县改变水稻耕作制度，开始小株密植，浅水灌

* 亩为非法定计量单位，1亩≈667平方米，余同。——编者注

溉，农药化肥使用量开始增多。此时，青田县稻田养鱼技术已基本规范，种养殖品种与管理都已较为成熟。对于田鱼的习性、鱼苗与成鱼的培育、配种的稻种以及稻作不同阶段的田间管理均有较为清楚的认识。到1977年，受到文化大革命的影响，片面强调粮食生产，稻田养鱼的规模下降，产量也有所减少。改革开放以后，家庭联产承包责任制开始实行。“随田养鱼，自养自得”的政策鼓励了农民实行稻田养鱼的积极性。到1985年，青田县稻田养鱼面积提高到7.56万亩。由于面积的增大和技术的进步，田鱼产量也大幅度提高，但仍以自然养殖为主。2000年以后，标准化实施，稻田养鱼产业化进程加速。2014年，青田县稻田养鱼面积为4万亩。

青田县的稻田养鱼主要集中在方山、小舟山、仁庄、吴坑、章旦、鹤城、季宅等乡（镇）。其中方山乡养鱼历史最久，全乡有水田5 774亩。1979年以前，养鱼2 000亩左右，年产量约0.5万千克。1982年，增加到4 900亩，产鱼2.7万千克，人均田鱼2.1千克。2014年，全乡稻田养鱼面积为4 150亩。方山农民有熏晒田鱼干的传统，逢年过节、请客送礼时，视为珍品。小舟山乡养鱼发展最快，全乡水田4 088亩。1979年，养鱼3 000亩，平均亩产2.5千克。1983年，养鱼3 600亩，产鱼3.25万千克。1987年，养鱼4 000亩，占水田面积的97%，产鱼5万千克，总产值20万元。2014年，全乡稻田养鱼面积为3 140亩。

❹ 整体脉络

青田稻田养鱼发展，大体可分为四个时期：

（1）新中国成立前，稻田养鱼处于自发性生产。农民在稻田里自繁自养自给田鲤鱼，全县面积不到万亩，所养田鱼个体小、产量低。

（2）新中国成立后至20世纪70年代，稻田养鱼稳步发展。面积有所发展，自然养殖为主，单产较低。

（3）1979年后，稻田养鱼快速发展时期。农业生产联产承包责任制激发了农民稻田养鱼的积极性，推广了科学稻田养鱼，稻田养鱼面积、单产明显提高。

青田稻鱼共生（吴敏芳/摄）

（4）2000年以后，标准化实施。稻田养鱼综合标准技术推广，品牌建设，产业化推进加快，效益明显提高。

2005年，青田稻鱼共生系统成为联合国粮农组织第一批“全球重要农业文化遗产”保护试点。借此契机，青田加大力度推进稻鱼技术和稻鱼产业发展，将稻鱼共生技术推向一个更为科学、更有利于民生的新高度。

（二）独特的地理位置

❶ 认识青田县

青田县地处浙江省东南部的山区，瓯江中下游，东经119°47′~120°26′，北纬27°56′~28°29′。隶属丽水市，辖3个街道、9个镇、21个乡。县城离杭州约330千米，离丽水市区70千米，离温州市区50千米。东邻永嘉、瓯海，南毗瑞安、文成，西连景宁、莲都，北接缙云。县境东西长62千米，南北59千米，地形平面呈圆形。瓯江自西北向东南贯穿全境，辖区面积2 493平方千米，山多地少，素有“九山半水半分田”之称。截至2014年底，全县在籍人口52.9万，人均耕地0.31亩。青田有石雕之乡、华侨之乡、名人之乡之称。

稻鱼共生文字景观（吴敏芳/摄）

（1）石雕之乡　青田石雕享有盛名，创造了灿烂的石雕文化。很久以前，青田就有女娲补天遗石下凡变成石雕石的传说。1 500多年前，青田人开始认识它，利用它。从此，青田石雕从无到有，从衰到盛，从国内到海外，从单一工艺到艺术精品，似一条艺术长河，闪耀着一代代艺人们的智慧之光，从古奔流到今。青田石雕现已经成为当地人的精神文化支撑和当地文化不可缺少的部分，于2006年被列入国家非物质文化遗产名录。

青田石雕早在崧泽文化时期就被开采利用，六朝时代已经问世。唐、宋时期，青田石雕开创了"多层次镂雕"技艺的先河，后有较大的发展。清代和民国初，青田石雕作为江南名产屡被选作贡品。光绪《青田县志》就有"赵子昂始取吾乡灯光石作印，至明代石印盛行"的记载。随着远洋商贸开通，青田石雕远销英、美、法等国，多次参加国际性赛会并获大奖。同时，也拉开了青田华侨史的序幕。新中国成立后，青田石雕得到快速的发展。目前石雕从业人员3万多人，年产值数十亿元，作品远销多国，多次在国内外获奖，选作国礼，被国内外博物馆收藏。

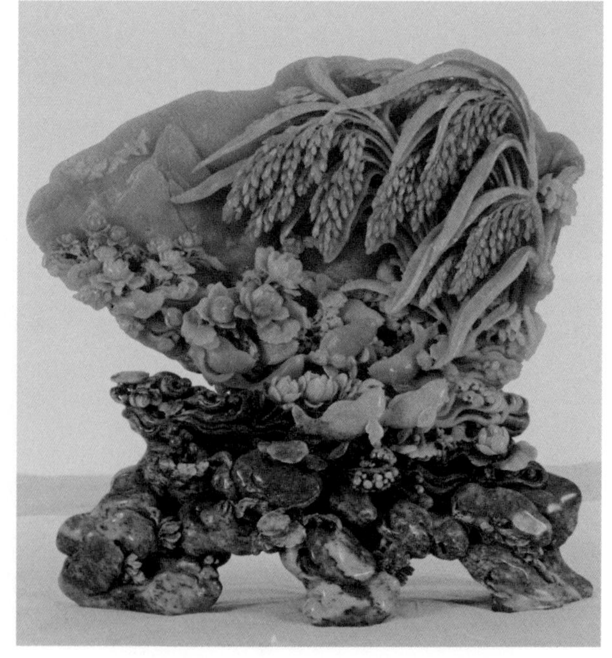

青田石雕——稻鱼共生（林伯正/摄）

青田石雕讲究因材施艺，因色取巧，有相石、开坯、雕琢、封蜡、润色等工序，尤以镂雕技艺见长，且圆雕、镂雕、高浅浮雕、线刻交替使用。青田石雕题材广泛，鱼虫花鸟、山水人物皆有，均精雕细刻，神形兼备，写实尚意诸法齐备，大气之中不失精妙，工艺规范，自成一格。享有"中国四大名石"、"印石之祖"、"国之瑰宝”、“天下第一雕”、“在石头上绣花”、“丽水三宝”等众多美誉，蜚声海外。在我国的篆刻史、外交史和雕刻艺术史上，都具有重要地位。

青田石雕——稻香鱼肥（林如奎/摄）

青田石雕——小高粱（林如奎/摄）

青田石雕——五谷丰登（林如奎/摄）

青田田鱼石雕（青田农业局/提供）

（2）华侨之乡　青田有300多年的华侨史，它始于明末，成型于晚清，在民国时期逐步发展壮大。时至今天，则更为兴盛。2014年，旅居世界各地的青田人达到了27.96万，分布于121个国家与地区，并在海外组建了160多个社团。华侨文化在青田县有非常明显的表现，大街小巷遍布着咖啡馆和西式餐厅。华侨敢于拼搏以及他们对于家乡的热爱，构成了当地精神文化的主要内容之一。

据民国二十四年英文版《中国年鉴》称："在十七、十八世纪之交，就有少数国人循陆路经西伯利亚前往欧洲经商，初期前往者以浙江青田籍人为多，贩卖青田石制品。"虽身在海外，但青田籍华侨华人与祖国仍是同呼吸共命运。他们在辛亥革命、抗日救亡运动和促进祖国和平统一进程上，都有非凡的表现。2000年，青田籍华侨华人率先发起华侨华人中国和平统一促进活动，注册成立了第一个"华侨华人中国和平统一促进会"，此后很快便形成了席卷世界的5 000万华侨华人群体。2005年国务院侨办举行的第三届世界华侨华人社团联谊大会，给予了华侨华人促进祖国和平统一活动以极高评价——"自辛亥革命、抗日救亡活动之后，海内外中华儿女第三次大团结！"

青田籍华侨华人的另一个精彩华章，是他们对故乡教育与慈善公益事业的关注与奉献。青田县每年接受华侨华人的捐赠超过200万元，历年来共计2亿多元。近年来，这些华侨华人还积极回乡创业，投资遍布全国20多个省（直辖市）。青田华侨在异国他乡，筚路蓝缕、含辛茹苦、历经艰难、百折不挠，成就了事业，形成了"敢闯敢冒、放眼全球；吃苦耐劳、质朴敦厚；团结互助、重情尚义；至诚和善、乐于奉献；勇于拼搏、开拓奋进；爱国爱乡，恋祖恋土"的青田华侨文化。

华侨的巨大影响，造就了青田浓郁的侨乡特色，使得青田与巴黎、巴塞罗那、罗马、米兰等各国名城同步，与世界同步。在青田，随处可见中国传统建筑与西方建筑完美结合的建筑物；在青田，随时可以喝到纯正的意大利浓咖，吃到刚刚运抵的新西兰牛肉，品到在法国某乡下酒窖里储存了多年的名贵葡萄酒；在青田，几乎所有的市民都认得欧元、美元等外国货币。

更有意思的是，在青田人的餐桌上，经常可见中外文化的融合：在高级宴席中，有欧式的薄片火腿色拉，也有口味正宗的“佛跳墙”，也一定会上青田当地的特色菜——田鱼干炒粉干、山粉饺；就是在寻常百姓家的家宴上，开一瓶来自欧洲的人头马，而佐菜却是青田本地的红烧田鱼或者炒粉干。

青田华侨对于稻鱼共生系统的保护和发展起到了重要作用。一方面，青田华侨在国外多从事餐馆业、百货业，每年从国内购进大量产品。同时，青田华侨历来有回国探亲带田鱼干的传统，青田田鱼在当地华侨所开的餐馆中非常受欢迎。采取适当的方式发展稻田养鱼，稻鱼产品——鲜活田鱼、田鱼干、优质大米不愁销路，其价格的承受力也较强。另一方面，青田华侨热心捐赠，推动了公益事业的发展，改善了基础设施建设。近几年华侨资本大量回流，积极参与当地经济发展，提高了地区经济发展水平，也为稻鱼共生系统的保护和发展提供了充足的融资渠道和资金保障。

（3）名人之乡　“一水绕城南，春风满渡头。往来人似鲫，终日不停舟”是对青田的真实写照。古往今来，在永恒的山水间，青田一批批名人、贤士、企业家、艺术家诞生于瓯江两岸，传名于大江南北，构筑了千百年来独特的人文景象。作为名人之乡，青田自宋以来，学风日盛。有南宋宰相汤思退，南宋名医陈言，南宋礼部尚书蒋继周，明代军事家、政治家及文学家刘基，清代学者韩锡胙、中国首任粮食部长、银行家、救国会“七君子”之一章乃器；世界博览会中国第一人陈琪；中国第二位女性副总理陈慕华等。

汤思退（1117—1164），字进之，青田县城人，自幼饱读诗书。宋高宗绍兴十五年（1145）29岁，中进士，后考取博学宏词科第一，素有“大儒”之誉。绍兴二十七年（1157）42岁拜相。宋孝宗隆兴二年甲子（1164）亡故，享年48岁，追赠岐国公。

刘基（1311—1375），字伯温，青田人，元末明初文学家、政治家。14岁入郡学习《春秋》，后从郑复初学习宋代理学。元至顺二年（1331）中进士，授江西高安县丞。后又任江浙儒学副提举。因生性耿直，受同僚排挤，被贬回乡。至正八年（1348），台州方国珍聚众起事，复被任为浙东元帅府都事，因反对招抚之策，力主剿捕，与上司意见抵牾，被罢职，放浪于山水间，以诗文自娱。安山

吴成七起事时，又被委任为都事，曾组织地主武装，镇压当地义军，升为浙东行省郎中。不久又与元朝统治者矛盾，弃官隐于青田山中，著《郁离子》以明志。

2005年6月全球重要农业文化遗产授牌
（青田县农业局/提供）

❷ 走进龙现村

全球重要农业文化遗产“青田稻鱼共生系统”重点保护区位于方山乡龙现村。龙现地处青田县东南部，距县城16.5千米，东邻温州市瓯海区，南接瑞安市境，西与仁庄镇相

龙现远景（唐建军、谢坚/摄）

连，北同山口镇交界，面积4.6平方千米，是一个“真龙曾显现，田鱼当家禽，有家有华侨，耕牛不用绳，四季无蚊子”的神奇之地。全村华侨数量800多人，侨居世界20多个国家和地区。该村有着世界农业遗产的品牌优势、联合国村的美称以及特色鲜明的民俗文化和世外桃源的生态环境，是一个民主文明的和谐家园。

（1）中国田鱼村 龙现村有700多年的稻田养鱼历史，2014年，全村养鱼面积200多亩，水塘140多个，具有得天独厚的养殖田鱼的优势。稻田养鱼已成为当地农民祖辈相传的种养习惯，而且在村民的房前屋后、田间地头，凡是有水的地方都养殖田鱼。走进龙现就如同走进了鱼的世界，“有塘就有水，有水则有鱼，田鱼当家禽”构筑了一道亮丽的风景线。现有五家独具农家特色的“渔家乐”，如聚龙山庄、中国田鱼村休闲中心、龙源山庄等。

1999年龙现村被授予“中国田鱼村”的称号。2005年6月，龙现村被列为全球重要农业文化遗产“青田稻鱼共生系统”的重点保护区。龙现已成为享誉中外

中国田鱼村（中国青田网/提供）

青田稻鱼共生示范基地（吴敏芳/摄）

的稻鱼共生研究基地和农业文化遗产保护示范基地。联合国粮农组织、中国科学院的专家、学者多次到龙现考察；美国、日本等20多个国家和地区的专家曾来此调研；中国科学院地理科学与资源研究所、浙江大学、中国农业大学、华南农业大学、南京农业大学等国内知名院校将龙现作为研究基地。

（2）联合国村　龙现有“一家联合国”的说法。逢年过节的时候，国外的亲戚子女回来坐在一起吃饭，有意大利的、西班牙的、巴西的、德国的，等等。最多的时候达到10来个国家，简直是不亚于联合国的圆桌会议。龙现村组织各国华侨收集不同国家的纸币、邮品、工艺品、特色装饰品等在各家展示、出售，并可以在自家房头屋后悬挂相应的各国国旗，给游客指示的同时，也显示出各国与中国友好的象征。还可以根据各国不同的风格装饰农家乐，在食、住、行、游、购、娱等方面满足不同游客对不同国家文化的体验要求。

（三）创造性的农业系统

稻鱼共生系统是一种典型的生态农业模式，通过“鱼食昆虫杂草－鱼粪肥田”的方式，使系统自身维持正常循环，保证了农田的生态平衡。稻鱼共生模式充分利用稻田良好的生态条件作为鱼的生长环境，让鱼清除田中杂草，觅食害虫，减少病虫害的发生，改良土壤。同时水稻为鱼的生长、发育、觅食、栖息提供良好的环境，形成一种原始协作、互生互惠的生态系统。中国水稻产区特别是南方山区，人多耕地少，由于稻鱼共生将水稻种植业与水产养殖业结合起来，互相利用，形成新的复合生态系统，因此具有较高的生态效益、经济效益和社会效益。

稻鱼共生（陈庆龙/摄）

稻鱼共生生态米（青田旅游局/提供）

❶ 丰富的产品

《青田县志》载，旧青田“梯山为田，窖薯为粮”。地处浙南中低山丘陵区，地形复杂。沿江两侧分布着大小不一的河谷平原，山间有方山、阜山、海溪等盆地。海拔50米以下的河谷仅占5.0%，山间盆地占5.3%，丘陵和山地占89.7%，故称“九山半水半分田”。一方面，青田地处瓯江水系，水资源丰富；另一方面，“浙东溪水峻急，多滩石，鱼随水触石皆死，故有溪无鱼”。而山区又难以普遍开挖池塘养鱼，因此宜稻、宜渔面积少。在特定的资源禀赋条件下，利用有限的水土资源进行稻鱼共生成为必然选择。

稻鱼共生是一种内涵扩大再生产，是对土地资源的综合利用、立体开发，不需额外占用耕地就可以增产粮食和水产品，是一条既符合中国国情又符合效益原则的增加食物总量的有效途径。这种生产方式一经产生，就有效地缓解了人地矛盾，自然受到农民的欢迎，并传承至今。

农民稻田养鱼除自家消费外，也拿到市场上销售，成为增加收入的重要手段。

（1）提高稻米产量　因为鱼有肥田、除草、除虫的作用，在同样的技术水平和投入水平下，稻鱼共生或稻鱼轮作的田地稻谷产量普遍比未实行稻田养鱼的田地增长5%~15%。而且稻谷产量较均匀，穗大、瘪谷少。所以农民有“一亩面积，两亩产量，三亩效益”的说法。

青田稻鱼共生系统（吴敏芳/摄）

浙江大学在青田的研究表明，与水稻单作相比，虽然稻鱼共生系统中水稻种植密度有所下降，但水稻产量无显著下降。稻鱼共生系统中水稻种植密度虽然比水稻单作系统的要小，但两者的产量没有显著性的差异，有时稻鱼共生系统的水稻产量甚至显著高于水稻单作的产量。

（2）提高稻鱼生产收入　稻鱼共生系统极大地提高了稻田生产的经济效益，增加了农民的收入。以龙现村为例，2013年田鱼亩产80千克，价格为100元/千克；水稻亩产500千克，价格为4元/千克；稻田养鱼每亩的经济效益高达10 000元。

鲜活田鱼（吴敏芳/摄）

（3）节约人力，降低成本 稻田鱼类有耘田除草、防病、增肥和加速分解的功能，可以免去耘田除草、施肥和打药等农事活动，达到“以鱼代劳”节省劳动力的目的，同时可以节省大量化肥和农药。

制作田鱼干（青田农业局 / 提供）

（4）提高经济效益 稻鱼共生系统除了本身具有的经济价值外，还可产生巨大的经济效益，主要体现在生态产品的巨大生产潜力和相关鱼类制品的产业化效益，以及因节省土地和耕作成本（农药、化肥、劳动力投入等）所产生的效益。

❷ 生态的优势

稻鱼共生系统能够提供多种产品和服务，包括：通过水稻生产保障粮食安全；高质量的营养和经济收益（鱼的消费和出售）；疟疾的预防（通过鱼减少了蚊虫）；生物多样性保护（因为减少了杀虫剂的使用，保护了水稻、鱼和相关的物种）；害虫控制；碳循环和养分循环；水分调节与水土保持等。

稻鱼共生系统通过稻、鱼互相作用，利用山区生态资源，在稻田中田鱼能吃食杂草，又能吃掉水稻无效的分蘖及稻飞虱等有害昆虫，能明显地减少病虫害，其粪便还能肥田。水稻为鱼遮阴、提供饵料。这种机制使物质和能量得以良性循环。种稻过程中很少施用或不施用农药、化肥，养鱼不用抗生素、生长激素，整个生长过程是生态安全的。稻、鱼产品品质优越，极大地提高了在市场上的竞

水稻与鱼互利共生（青田农业局/提供）

争力。

稻鱼共生能起到生物治虫的作用，可明显减少使用药剂防治水稻病虫害的次数，降低农药污染。稻田里养的鱼类能够吞食落到水面上的稻飞虱、叶蝉、稻螟岭、卷叶螟、食根金花虫、纹枯病菌核等。据江苏省如皋县邓元农科所对养鱼和不养鱼的两块稻田虫害的比较分析，养鱼稻田三化螟三代卵块减少30%，白穗率降低50%，稻飞虱减少50%以上，纵卷叶虫百株束叶数减少30%，白叶率降低70%，稻叶蝉减少30%。此外，稻鱼共生还能明显减少蚊蝇滋生。

稻鱼共生因为用地养地相结合，可显著提高稻田的肥力水平。若以每亩放养鱼种500尾计，养鱼稻田与未养鱼稻田相比，有机质可增加40%，全氮增加50%，速效钾增加60%，速效磷增加130%。

稻鱼共生促进了生态环境的改善，增强了抵御自然灾害的能力。由于稻田养鱼，相应加高加固田埂，开挖沟凼，大大增加了农田蓄水能力，有利于防洪抗旱。在丘陵地区，实施稻鱼工程，每亩稻田蓄水量可增加200立方米，建设10万亩稻田养鱼工程，能多蓄水2 000万立方米，相当于建设一个小型水库，能显著增强抗旱能力。

❸ 文化的力量

（1）折射农业文化遗产的内涵　全球重要农业文化遗产——稻鱼共生系统不仅是一种传统的农业生产方式、高效的生态经济系统，而且具有丰富的文化内涵。文化是遗产的精髓。稻鱼共生系统在历史的积淀中孕育了厚重的文化，并且衍生出与系统密切相关的乡村宗教礼仪、风俗习惯、民间文艺及饮食文化等，从不同侧面折射出农业文化遗产的内涵。

（2）促进传统农耕文化的保护　稻鱼共生系统是稻作文化的延伸，反映了南方农民精耕细作的耕作文化。这种古老传统的耕作文化是人类的财富，面对现代工业社会的各种冲击，保护这些传统耕作文化的意义显得尤为重要。

（3）加强各类文化的融合　稻鱼共生农业文化遗产中蕴含了丰富的文化形式，不仅包括系统本身的文化，也包括遗产地衍生出的各类文化，如田鱼文化、

稻田生态（潘志强/摄）

水文化、民俗与文艺以及古建文化等。稻鱼共生系统农业文化遗产的保护，可以促进各类文化的融合，使其成为一个以稻鱼共生系统为核心的复合文化系统，完整的展现遗产地的风采。

4 现代的效益

（1）提供适应自然的生存方式　作为一种传统的农业耕作方式，稻鱼共生系统最初源自地区自然条件的局限，是农民在长期适应当地自然条件的情况下形成的独特生产方式和土地利用方式。这种源自传统经验的农业耕作，使农民获得了与自然和谐相处的自然生存方式，实现了真正意义上的天—地—人和谐共处，为其他同类地区合理利用土地，发展适应本地自然条件的生存方式提供了有效的借鉴。

（2）增加劳动力就业　稻鱼共生系统可以有效地增加劳动力就业。贫困山区土地资源短缺，往往导致出现大量农村剩余劳动力。稻鱼共生系统可以在同样的土地耕作面积上增加更多劳动力，从而在一定程度上缓解农村剩余劳动力的压力。另外，稻鱼共生系统的产业链可以通过第二产业和第三产业的发展得到延长，从而带动更多的劳动力就业，创造巨大的社会价值。

（3）提供充足营养，改善农民生活 稻鱼共生系统可以“一田多用”，在相同的土地面积上既提供水稻产品又提供鱼类产品，同一生产过程中既可生产植物蛋白，又可生产动物蛋白，为人们提供充足的营养物质，改善农民的生活条件和营养水平。

（4）确保食物安全 稻鱼共生系统减少了化肥农药的使用量，减少了有害化学物质在农产品中和人体内的积累，保证食物安全，确保人体健康。同时，稻鱼共生系统的内部协调运行机制，使得系统可以提供生态农产品，解决目前困扰都市人的食品安全问题。

（5）拓展遗产保护研究领域 稻鱼共生系统是第一批全球重要农业文化遗产试点。农业文化遗产是一种新的遗产类型，这一领域的研究必将大大拓展遗产保护的研究领域，推动自然与文化遗产研究的发展。

（6）推动遗产保护研究中的学科融合 农业文化遗产保护研究需要多学科交叉、多角度分析、多方法并用，其中农学、生态学、经济学、地理学、文化学、社会学等，将成为农业文化遗产保护的基础性学科，与这几门学科的交叉学科以及衍生学科也将发挥各自的重要作用，稻鱼共生农业文化遗产保护研究必将有力地推动各学科的融合。

（7）促进复合农业生态系统研究 稻鱼共生系统属于典型的复合农业生态系统，系统内稻、鱼以及其他动植物和谐共存，发挥了系统的功能。农业文化遗产保护尤其关注农业生态系统的保护，因此，稻鱼共生系统将有效促进复合农业生态系统的研究。

（8）推进农业生物多样性保护研究 稻鱼共生系统内部生物多样性丰富，不仅涉及系统的主要生物——稻谷和鱼类，而且还涉及其他动植物，如水草、青蛙、昆虫等。稻鱼共生农业文化遗产保护，将通过物种保护、栖息地保护、文化多样性保护等的整体性保护，使农业生物多样性保护研究迈上一个新台阶。

（9）推动“三农”发展和美丽乡村建设 2005年，党的十六届五中全会做出了按照“生产发展、生活富裕、乡风文明、村容整洁、管理民主”的要求建设社会主义新农村的重大战略部署，为我国未来农业、农村发展提供了纲领性的指导。稻鱼共生系统能够充分利用农户在生活过程中产生的废弃物，减轻生活环境污染，与“村容整洁”要求契合；具有的良好的经济效益，且具有可持续发展的潜在能力，符合“生产发展”“生活富裕”的要求；所体现的生态文明思想，也是“乡风文明”的重要组成部分。

2012年，党的十八大报告指出要“努力建设美丽中国，实现中华民族永续发展”。2013年，中央一号文件提出建设“美丽乡村”的奋斗目标。美丽乡村建设是美丽中国建设的重要组成部分，是社会主义新农村建设的“升级版”。稻鱼共生是一种典型的生态农业，它能够充分利用水稻和鱼之间的生态作用，减少农药、化肥等的使用，并能充分利用农业生产的副产品，对农业生态环境起到良好的净化作用，有利于农村生态环境的改善，推动美丽乡村建设。

二

稻鱼之本

（一）稻鱼的生长环境

❶ 地形

青田多山地，少平原，地势由西向东倾斜。北有括苍山脉，南有雁荡山脉，西有洞宫山脉，千米以上的山峰有217座。全县最低处为温溪洼地，海拔仅7米，海拔相差悬殊。根据青田县2012年土地利用变更调查数据，农用地面积、建设用地面积、未利用地面积分别占全县土地总面积的92%、3.25%和4.75%。

丰收年（陈丽慧/摄）

丰收在望（林晓红/摄）

❷ 气候

青田属中亚热带季风气候，既有显著的立体山地气候特征，亦有较明显的海洋性季风气候特征。总的气候特点为温度适宜、四季分明，冬暖春早、雨热同步，垂直梯度气候变化大、气候类型丰富多样。县域年平均气温18.6℃，年极端最高温度41.9℃，极端最低气温-4.1℃。年平均降水量为1 698毫米，年均降水日数166.3天，为浙江省雨量较多的地区之一。由于地形的作用，降水地域差异较大，各地年平均降水量1 400~2 200毫米之间。东南部多，西北部少；高山多，河谷少。多年平均无霜期287天，平均日照时数为1 664小时，年均总蒸发量1 499毫米。影响青田县的灾害性天气，主要有台风、暴雨、雷暴、寒潮、冰雹、高温干旱等。

（1）春季　3至5月是青田县的春季，进入春季，暖湿气流进一步活跃，气温明显回升，由于冷暖空气交汇频繁，气温起伏较大，降水明显增多，容易出现大风、雷暴、冰雹等强对流天气，同时春季也会出现霜冻、春寒、倒春寒、连阴雨等灾害性天气。

（2）夏季　6至8月是青田县的夏季，常年6月份为青田降水集中、降水量大的主汛期，常发生暴雨、洪涝等灾害，但年际之间变化较大；7至8月为高温干旱

期，经常出现晴热高温天气，日照强，气温高，蒸发大，常有伏旱。7月为最热月，县城平均气温28.7℃。降水形式主要是午后到夜里的雷阵雨。同时，7至8月也是受台风影响最多的时段，一般每年有2~3个台风影响，一方面有利缓解旱情，另一方面又会发生台涝。

（3）秋季　9至11月是青田县的秋季，秋季副热带高压减弱南撤，大陆高压逐渐增强，北方时有冷空气南下，气温逐渐下降。初秋，各地先后出现秋季低温，这是当地连作晚稻安全齐穗的重要指标，且初秋冷暖空气再度交汇本地，常出现较明显的秋雨，雷暴也常出现在这一时期。10至11月，由于南下冷空气常在长江中下游地区形成分裂的小高压稳定下来，大气层结下冷上暖，垂直结构稳定，从而形成晴朗少雨、秋高气爽的天气，这段时间温湿宜人、阳光和煦，为旅游登高之最佳时节；秋季气温日较差大，有利秋季作物灌浆成熟。

田之秋（胡蜂华/摄）

小舟山之秋（胡蜂华/摄）

（4）冬季　12月至次年2月是青田县的冬季。进入冬季，由于冷空气活动频繁，在冷气团控制下，通常气温低、降水少；当冷空气影响时，常出现降温、大风和雨雪天气；1月为最冷月，平均气温县城7.7℃。

收获田鱼（吴焕章/摄）

❸ 水环境

青田县内河流属瓯江水系，瓯江自西北向东南贯穿全境，境内小溪、大溪由西北纵贯东南，汇合瓯江。县境内瓯江干流总长82.6千米，落差37.7米，年平均径流总量140亿立方米。瓯江最大支流小溪河长47.3千米，县境内流域面积624.1平方千米，全县水利资源丰富，水资源总量为27.98亿立方米。

根据青田县环境监测站对境内8个地表水常规监测点的监测数据，2010~2012年全县地表水水质为Ⅰ~Ⅱ类，都达到功能区要求，全县地表水水质总体良好。

田鱼游弋（吴焕章/摄）

❹ 大气环境

青田县环境空气质量总体较好，优良天数比例达到90%以上。空气中二氧化硫、二氧化氮污染物浓度均达到环境空气质量标准中的一级标准。

根据浙江省环境监测中心公布的《浙江省生态环境状况评价报告》显示，青田县生态环境状况为优，生态环境质量年年稳居全省前列。

❺ 土壤和生物

全县主要有红壤、黄壤、潮土和水稻土等4个土类，9个亚类，28个土属，68个土种。

青田县是一个多山地区，森林资源丰富。2014年，林业用地20.73万公顷，森林覆盖率达80.5%。森林蓄积量878.7万立方米。全县现有国家级和省级重点生态公益林176.1万亩，占林业用地总面积的56.6%，全部为重点公益林，其中，国家级公益林57.4万亩，占32.6%；省级公益林118.7万亩，占67.4%。

青田县植物资源丰富，现有植物种类90多科、290多属、700多种。国家重点保护植物有钟萼木、香果树、华东杉、长叶榧、杜仲、银杏、江南油杉等15种。具有经济价值的野生植物有淀粉类、纤维类、油料类、芳香类、化工原料类、药用类、野生果及饮料类、土农类等8类。

全县境内分布有脊椎动物29目75科294种。其中，兽类8目20科55种，鸟类16目39科180种，爬行类3目9科38种，两栖类2目7科21种。已知属于国家一级保护动物有云豹、黑麂、黄腹角雉、白颈长尾雉、鼋5种；属国家二类保护动物有猕猴、穿山甲、豺、青鼬、水獭、大灵猫、小灵猫、苍鹰、赤腹鹰、雀鹰、松雀鹰、白鹇、白鹭等。

金色大地（林晓红/摄）

（二）稻鱼共生系统的生态服务功能

❶ 改善农田生态环境

减少化肥使用——鱼粪和稻谷秸秆均可在系统内部转化为肥料，实现系统内部废弃物资源化，在肥田的同时减少化肥的使用，实现系统的良性循环。

去除害虫，减少农药使用——农田中的大量害虫，包括越冬害虫、钉螺、孑孓等常对农作物造成巨大危害。鱼类可以消灭这些害虫，同时养肥自身，保护水稻免受害虫的侵袭，增加稻谷产量，减轻了使用农药可能造成的农田环境污染。稻鱼共生地区蚊子很少，则有利于当地农民身体健康。

去除野草——稻田中除水稻外经常会生长一定数量的杂草，这些杂草会与水稻争夺阳光、空间，影响田间的通风透气能力，也会和水稻争夺养分和田间的肥料，造成水稻减产。在稻鱼共生系统内，杂草则被鱼类摄食。

浙江大学在青田的研究表明，与水稻单作相比，稻鱼共生系统中控制水稻病虫草害的农药使用量和使用次数显著降低，这说明稻鱼共生系统在较低农药施用情况下仍能维持较高的产量。

田间试验证明，稻鱼共生系统中农药的施用量下降是由于鱼的取食活动降低了病虫草的密度。调查表明，稻鱼共生系统基本不使用除草剂，但是稻鱼系统鱼还能较好地控制稻飞虱。

稻鱼共生系统可能提高系统稳定性，在减少农药使用量的情况下仍然保持较少的病虫草害发生，提高系统的总生产力。

田间调查（青田农业局/提供）

增加土壤肥力——稻鱼共生系统内，鱼类的吞咽、消化可以吸收稻田中的有机质，其分泌物可以将30%~40%的有机质转化为肥料，排出的粪便转化为肥料，增加了稻田有机质含量和养分，达到了肥田的目的。

改善水质——稻鱼共生系统中，通过鱼的游动，可以增加水的溶氧量，改善水质，增加土地肥力。主要方式有：增加溶氧量，减少还原剂，如硫化氢、亚铁离子等；使媒介物质迅速矿物化，不断释放能量；鱼类的活动使营养物质向水稻根部集中。

自然控制鱼类病害——稻田中的水较浅，循环较快，水稻可吸收肥料，净化水质同时鱼类密度低，致病菌少，可以大大降低鱼类生病的概率。

减少甲烷排放——湖南农业大学研究表明，在稻鱼共生系统中，鱼类能够消灭杂草和水稻下脚叶，从而影响甲烷菌的生存环境，间接地减少了甲烷的产生。最重要的是鱼类的活动增加了稻田水体和土层的溶解氧，改善了土壤的养化还原状况，加快了甲烷的再氧化，从而降低了甲烷的排放通量和排放总量，尤其是对稻田甲烷排放高峰期的控制效果最为明显。

再生稻与田鱼（陈庆龙/摄）

❷ 维持农田生态平衡

稻鱼共生系统是传统生态农业的典型范例。系统中的水稻和其他杂草是系统的初级生产者，鱼类、昆虫、各类水生动物（如泥鳅、黄鳝等）是系统的消费者，细菌和真菌是分解者。系统通过食物网的形式维持自身的生态平衡，而不需要使用化肥农药等外部投入。田面种稻，水体养鱼，鱼粪肥田，鱼稻共生，鱼粮共存。通常稻田里有许多杂草会和水稻争肥料、争水分、争空间，每年最少要耘田除草两次。放了田鱼后，杂草都被田鱼吃掉，一年都不用除草。稻谷还可以为田鱼遮阴和提供食物，田鱼又能吃掉水稻无效的分蘖以及稻飞虱等有害昆虫，增加田间通风，能明显减少病虫害。

中国科学院地理科学与资源研究所的研究表明，与常规稻作方式相比，稻鱼共生方式在大气调节、营养物质保持、病虫害防治、水量调节、水质调节乃至于旅游发展等方面都有其独特的优势，每公顷稻田的生态系统服务价值高达7 447元。

稻鱼共生系统可以减少稻田甲烷的排放量，减少经济损失493元/公顷；通过减少化肥农药的使用，有效控制农业生产造成的面源污染，缩减治理费用4 200元/公顷。

通过加高田埂、挖深田沟和田里的鱼洼，青田县的稻田田埂高度约为50~60厘米，可以使每公顷稻田增加约3 000立方米的储水量，从而可以达到防洪的作用。

田间调查（青田农业局/提供）

稻鱼共生系统（青田农业局/提供）

❸ 保护农业生物多样性

农业生物多样性对农业生产起到重要作用，有助于解决全球粮食安全和营养不良的问题。同时，农业生物多样性可以持续地控制作物病虫害，有效保护作物资源和农田环境，提高农产品质量，促进粮食的稳产高产，增加农民收入。

稻鱼共生系统本身就是复合农业生态系统，系统内生物多样性丰富。另外，系统外部也有丰富的生物多样性，对于维持系统的功能具有重要作用。保护稻鱼共生系统，也是保护生物多样性。

农业生物多样性，指从品种（种内）、半栽培和采集管理种（物种层次）到具有多物种的农业生态系统以及由此而形成的农地景观和相关的技术、文化、政策。从发展角度看，农业生物多样性是在人类引用、采集野生动植物到半栽培、半野生（陆生动植物），到栽培作物，最后形成农业生态系统和农地景观。而从研究层次看，农业生物多样性可划分为遗传多样性（种内多样性）、物种多样性（包括栽培种和受到管理的野生种）、农业生态系统多样性和农地景观多样性4个层次。狭义的农业生物多样性是指物种水平上的多样性，即所有的农作物、牲畜和它们的野生近缘种以及与之相互作用的授粉者、共生成分、害虫、寄生植物、肉食动物和竞争者等的多样性，也可以指与食物及农业生产相关的所有生物的总称。

作为“青田稻鱼共生系统”的重点保护区，龙现村由于长期保持着传统的稻田养鱼方式，具有较为丰富的农业生物多样性。这里的农业生物多样性包括三个层次，即农业物种多样性、农业生态系统多样性、农业文化多样性三个方面。

在物种多样性水平上，主要包括田鱼、稻类、其他作物以及蔬菜等四种类型。这里受到了现代农业生产方式的冲击，一些传统的水稻品种趋于消失。蔬菜品种主要包括种植类和野生类。农业生态系统多样性十分丰富。“种稻养鱼”的生产方式和“饭稻羹鱼”的生活方式则是中国传统农耕文化的重要组成部分，它不仅表现在“天、地、人、稼”和谐统一的思想观念、农业生产知识以及农业生产工具上，也反映到乡村宗教礼仪、风俗习惯、民间文艺及饮食文化等社会生活的各个方面。

青田县龙现村的农业生物多样性

不同层次	主要内容	
物种多样性	田鱼	鲤科-鲤属-鲤种，是鲤种鱼类里的一个地方品系，鳞片可食。
	稻类	已消失传统品种：广东青，三日齐，芒谷，红壳谷，白壳糯，广陆矮，矮粒多，糯稻（高秆、矮秆），万米，立冬青，寒露青，晚金等。 现存的传统品种：红米，千罗稻，晚稻，中稻，米冻米，晚谷等。
	其他作物	小麦（浙麦2号、扬麦6号、小麦908），玉米，小玉米，番薯（红薯、胜利百号、广东白、五爪龙、六十日），豆类（黄豆、青豆、赤豆、豌豆、蚕豆），大麦，荞麦，小米，高粱，向日葵，旱藕，花生，山药（红山药），芋头（水芋、毛芋），茭谷等。
	蔬菜	种植类蔬菜：白菜（大白菜、小白菜），茄子，油桐菜，豆类蔬菜（豇豆、四季豆、刀豆、扁豆），苋菜，盘菜，空心菜，笋菜，红菜，鹊菜，包心菜，香菜，瓜类（南瓜、冬瓜、丝瓜、葫芦瓜、苦瓜、西瓜、八棱瓜），葱，蒜，姜，豆角，笋（毛笋、小山笋），马铃薯，油麦菜，油菜，芹菜，生菜，萝卜（胡萝卜、白萝卜、红萝卜），芥菜，黄花菜（黄色、红色），牛皮菜，花菜，韭菜，香菇菜，油冬菜，辣椒，苦麻菜等； 野生类：野苦菜，马兰头，蕨菜，豆腐采，棉菜，蒿笋，莆瓜等。
农业生态系统多样性	按特定区域内农田生境调控的最显著差异可以分为：水稻田农业生态系统，水旱轮作农业生态系统，保护地（塑料大棚和温室）农业生态系统。 按农田作物的接续方式可以分为：连作，复种（较少），换茬式轮作。 按农田上不同作物同时共存的结构类型可以分为：单作（每种作物都是一类），间作，作物与林果间作。	
农业文化多样性	田鱼的烹调技艺与田鱼干的加工制作等饮食文化是农业文化遗产保护的重要内容之一。田鱼可现杀、现烧、现吃，剖腹去脏后，勿洗勿去鳞。经烹饪后的鲜田鱼味美、性和、肉细、鳞片软且可食。鲜田鱼的烹饪方法有红烧、糖醋、清炖等数十种。 由鲜田鱼熏制加工制作而成的青田田鱼干是闻名中外的青田地道土特产，是青田人逢年过节、请客送礼的珍品。村里人女儿出嫁，有田鱼（鱼种）作嫁妆的习俗。 青田鱼灯作为青田最具地方特色的传统民间舞蹈，高度集中了民间舞蹈艺术、民间音乐艺术和民间手工制作技艺，其每逢节庆都会有演出。	

田间调查（青田农业局/提供）

稻鱼互利共生（青田农业局/提供）

三 稻鱼之技

（一）精细的管理与产品

青田县的稻鱼共生系统是一种充分利用稻田环境和资源，发挥水稻和鱼互惠共生的典型复合生态农业模式，是当地世代相传的传统农业生产系统，是当地生活习惯、农业文化与自然环境长期协同进化和动态适应下所形成的独特的土地利用系统和农业景观。

土地整理（青田农业局/提供）

❶ 生产流程

（1）放鱼前准备工作 过去是用泥土将田埂加固加高，一般高约50~60厘米，如今部分采用加固的水泥田埂。用竹篾、树枝条等编成拦鱼栅栏，安装在稻田的进出水口，以防逃鱼。水温在10℃以上时，用生石灰给整块田消毒。过去不使用化肥，以有机肥为主，主要是猪粪、牛粪，有的采用秸秆还田技术，也有的农民在田中撒入草木灰，还有的农民上山采集植物绿肥放入田里，埋入泥中。20世纪60年代以后，为追求经济效益，增加水稻产量，农民开始逐渐使用化肥。

做田埂（青田农业局/提供）

田埂加高（青田农业局/提供）

（2）鱼苗放养 放鱼的时间一般在2月底。鱼苗在投放之前先用盐水进行消毒约10~15分钟。选择健康强壮的鱼苗在一天的清晨或傍晚投放，中午水温过高，鱼苗不能适应。一般每亩稻田投放鱼苗300尾左右。过去农民基本上只能解决温饱问题，没有多余的食物喂给鱼吃。如今生活得以改善，有的村民会投喂少量麦麸、米糠等农家饲料，有的也把一些剩菜剩饭倒入田中，让鱼食用。

（3）水稻种植　水稻耕作制度为一年一熟，传统品种栽插方式为水稻稀植，一般行株距为40×36厘米左右。现行的水稻杂交品种的种植规格是采用宽行窄距、长方形东西行密植，稻丛间透光好，光照强，湿度低，能有效改善田间小气候，水稻叶片直立，株形紧凑，颜色较深，抗倒伏能力强，但抗病虫害效果不如传统品种。有的还根据水稻品种、苗情、地力等具体情况来确定栽插密度。

放鱼苗（青田农业局/提供）

插秧（青田农业信息网/提供）

水稻移栽（青田农业局/提供）

（4）水肥管理　龙现村的稻田大多为梯田，普遍采用溪水串灌形式，水在上下田之间、左右田之间都是流动串通的。由于龙现村位于水源的上游，山林植被保护好，一年四季水源充足，稻田中一般都保持10厘米左右的水深，村民很少根据水稻的不同生长时期调节田中水深。过去不施追肥，不施农药，现在农民会使用一些农药。

每年3月，3年以上的田鱼就开始产卵了。每户人家就上山去砍柳杉枝，砍回后放在自家的水田里。阳光明媚的上午，雄鱼就开始追逐雌鱼，最后雌鱼没地方逃，就躲在柳杉枝里产卵了，雄鱼刚好追上来，让雌鱼刚产下的鱼卵受精。几天后，村人就把柳杉枝捞回到家里。在风和日丽的日子，放在太阳底下，洒一些水，拍一下柳杉枝；拍一下柳杉枝，再洒一些水，如此往复。三天后，把柳杉枝上的鱼卵放回稻

田间管理（青田农业局/提供）

田里，过几天就有成千上万条小田鱼出生了。

❷ 龙现“十三闸”

稻鱼共生，最关键的是水。古往今来，在农村因稻田争水引发的纠纷非常之多。而在200年前，青田方山乡龙现村的“十三闸”设计，科学地解决了这一难题。

“十三闸”位于龙现村的水源头，即人们在全村水田的水源头装置有一个石闸。人们称之为“石门峡”，又称“十三闸”。所谓‘峡’或者“闸”，实际上是一块长3米、宽1.2米的石制水槽，石槽的边沿附设十三个大小不一的缺口，水流沿各缺口分流到农田。据当地村民介绍，该闸自清朝中期设置以来直至如今，其公平合理的分水制度深为大家所接受。至今200年的时间里，该村未发生过稻田引灌纠纷。

“十三闸”的十三个分水口，最大的有9厘米宽，最小的仅2.5厘米，其次有7.3厘米、7厘米、6厘米、5.5厘米、4厘米、3.8厘米不等。这些出水口的大小是根

稻田水管理（青田农业局/提供）

据当时不同区块的稻田引灌面积而测算流水量，避免分水不均或管水作弊而特设的。长期以来，渠水长流，石槽依旧，功能未减。

龙现村地处山区，稻田都以梯田布状，水资源以雨量为先决条件。若遇久旱，管水失当，别说养鱼，稻谷都可能颗粒无收。在当时生产力低下的那个时代，“十三闸”的出现，是龙现先民的文明和进步的体现。

首先，它突出实施了分级管理制。从“十三闸”至源头的“前端”隐含一个统一管理的前提：组织修渠机构，按田亩和人丁分摊管理成本，落实管理制度。设施共有，资源共享，确保水源不断流、不减流。

其次，中段抓合理分配，共享公平。在农村，最突出的问题就是小农意识，尤其是土地私有制年代，由于分水不公而出现的抢水、争水、偷水的事例不胜枚举，甚至因此世代结仇也不鲜见。制度落实显然成为维护农民切身利益、稳定社会的关键措施。

“十三闸”正是根据实际需求，老少无欺。算得上是一个深得民心的“阳光工程”，为历代打造“和谐村风”提供了很好的典范。

再次，从“十三闸”的十三个输出口，再由各输水管道至受灌区自行再细分。这部分的“基层网络”各施其责，各显神通，有落实到位的监管机制，其机制相当科学。

龙现村作为“中国田鱼村”，稻鱼共生的历史成就，离不开引灌水系的合理布局和公平合理机制的实施。该村和谐村风的形成中，“十三闸”功不可没。

3 农作物及农产品

稻田养鱼在浙、闽、赣、黔、湘、鄂、云、贵、川等地的山区较普遍，养殖鱼类以草鱼、鲤鱼为主，也养殖鲫、鲢、鳙、鲮等鱼。但青田先民从稻田养鱼中选育出独特传统品种，所以此鱼赋

收获田鱼（汤洪文/摄）

收获田鱼（汤洪文/摄）

收获的田鱼（青田农业局/提供）

予地域专用名词：青田田鱼。田鱼在瓯江流域广泛养殖，近些年，经过当地农业科技工作者提纯复壮和科学改良后，品种优质稳定，推广日甚。尤其以丽水的青田、温州的永嘉推广得比较好。青田和永嘉更是利用青田田鱼走出养殖和旅游结合的道路，两个县都被赋予“中国田鱼之乡”的称号。

在浙中南奇山秀水风景旅游胜地的青田，“田面种稻，水体养鱼，鱼粪肥田，稻鱼共生”这个至今保存完整的耕作方式巧夺天工。经过长期的自然选育和独特的生态环境，在鲤鱼中已形成一个独特的品系。田鱼身披色彩数种，有红、黑、灰不同颜色，极具观赏性。田鱼的另一个特点是食用可口，无土腥味，鳞片柔软可食。长期以来，当地人宰杀田鱼只是去除内脏，不刮鳞片，这与其他淡水鱼的食用有很大差别。田鱼的营养价值高，据浙江省医学研究院测定：鲜田鱼可食部分含粗蛋白15.96克/100克，粗脂肪1.66克/100克，微量元素铁43.84微克/克，铜2.98微克/克，锌43.3微克/克，氨基酸15种。鱼鳞片含有较多的卵磷脂，有增强大脑记忆力、延缓细胞衰老的作用。鱼鳞片钙、磷的含量很高，能预防小儿佝偻病及中老年人骨质疏松与骨折等。

田鱼干传统制作（吴焕章/摄）

田鱼为淡水鱼中的上品，味美、性和、肉细、鳞片软，鳞可食，无泥腥味。特别是鱼干，味美肥糯，堪称一绝。味道和普通鲤鱼有天壤之别。青田农户有熏制田鱼干的传统，通过屠宰、腌制、干燥、配料、熏制等工序，制成田鱼干型，色香味俱全，实为佳品。

传统制法：（1）浸渍，活鱼洗净（不去鳞），从脊侧剖开，去内脏（不洗），做成雌雄片，整成圆形，加盐、酒等作料，浸渍均匀备用；（2）蒸煮，渍匀后的鱼顺大铁锅壁鳞朝上层层叠放，层间用少许稻草隔开，以免粘连，放适量水，文火蒸鱼，水干鱼熟；（3）烘烤，木炭暗火盆放入谷箩，箩口放大眼竹筛，将熟鱼放在筛上，层间也用稻草隔开，暗火烘焙，快干时火盆中加谷糠烟熏二三十分钟，用米代糠熏制，香更浓，成品色金黄，味鲜美。

“青田田鱼”已被国家工商总局商标局核准注册地理标志证明商标，成为该县继“青田石雕”之后的第二枚地理标志证明商标。该商标使用范围为鲜活田鱼、田鱼干，专用权期限为2013年12月7日至2023年12月6日。青田华侨每年回国省亲，都要带一些田鱼干到国外，以寄托思乡之情。据不完全统计，带往国外的田鱼干达100多吨，主要有意大利、法国、巴西、比利时等20多个国家和地区。

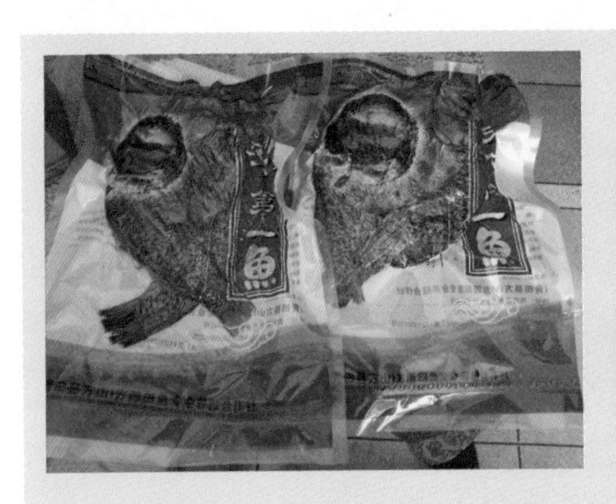

田鱼干（吴敏芳/摄）

生态米（青田农业局/提供）

（二）实用的农业技术

❶ 养殖特色

田鱼是鲤鱼的一个地方性养殖品种，因为习惯于稻田中生活，故俗称“田鱼”。田鱼经过长期在稻田中养殖，较普通鲤鱼性温顺，不爱跳跃，不易逃逸，是稻田养殖的理想优良鱼种。

青田田鱼（青田农业局/提供）

田鱼从体色上可分为全红、青、黑、大花、麻花、粉玉、粉花多种体色，具有食用和观赏的双重价值，还是研究鱼类体色遗传和育种的好材料。从鳞片上可分为大鳞田鱼和细鳞田鱼两种。田鱼具有食性杂、适应性广、繁殖力强、成活率高、生长迅速、肉质细嫩鲜美和营养丰富等优点。田鱼还属药用鱼类，它的肉有利尿、消肿等药效。田鱼不是观赏鱼，但观赏品位并不低。田鱼作为杂食性、广食性鱼类，对饲料适应范围广，对其他生活条件要求也不严格，即使水浅，露出半个鱼背在水面上，它也能以腹贴泥，用两个胸鳍在田面“爬行”自如。

田鱼生长较快，当年鱼苗最大个体可达500克。田鱼的肉味鲜美，且大鱼小鱼其肉味均好，50~100克重的鱼就可达食用规格，所以很符合在稻田养殖短周期

的小规格食用鱼的要求，其色、香、味俱佳，向为待客之佳肴。

稻鱼共生好处颇多。田鱼能吃掉害虫，松土增氧，保肥增肥，改善水稻的生长发育，促进水稻的鬏分蘖。稻盛稻花多，田鱼得到丰盛的饲料，长得特别肥壮。所以人们常说："稻田养鱼，鱼养稻，稻谷增产鱼丰收。"此鱼价格比一般的鲤鱼高上不少。稻田养殖不使用农药和化肥，稻米属生态农产品，价格高。同时由于此鱼观赏性特佳，尤其适合农家乐模式的旅游。

稻鱼共生，蓄水要适度，既利于鱼活动，又利于水稻生长，一般以10~20厘米为宜，水浅有碍田鱼畅游觅食，易被烫死，或被狸猫糟蹋；过满则田坎易塌，不利于水稻生长。放养数量方面，每亩以百尾为宜，插秧时将稻田一些地方稍低，插秧后在水深处用树枝搭鱼窝，利于存活，进出水口安装带刺栅栏，防鱼流失。

田鱼放养不仅局限在稻田中，由于地形地势独特，加之山涧溪水不断，能引至各农舍，自然形成的坑塘就成为养殖田鱼的场所。坑塘自然形成，形状、规格各异。当地人将舍前开凿一条1~2米宽的水槽，山涧水引入其中，上面用水泥预制板覆盖，路面平整不影响行人和交通，槽内放养田鱼，两端用栅栏挡拦，再用网目适当的渔网覆附。田鱼饲料来自可食用的厨房下脚料，这种形式如同鸡舍、鸭舍。当地田鱼养殖系统有三种形式：稻田、坑塘和笼式。

稻鱼共生（汤洪文/摄）

稻田景观（青田农业局/提供）

《《汤思退挖塘养田鱼》》

汤思退为人温良恭俭让，清廉自守，人际关系甚好，口碑颇佳。他是宋高宗主和路线的忠实追随者，但又看不惯秦桧大权独揽、杀害岳飞、大肆迫害主战将帅。汤思退始终与秦桧保持一定距离，游走于高宗与秦桧之间。秦桧死后，汤思退继任丞相之位。汤思退爱才识才，善于发现人才，起用人才。一上任，首先就把陆游调回杭州在翰林院供职，这一招做得非常有灵气。陆游才华出众，文采斐然。

传说汤思退自幼十分喜欢田鱼，故让人在宅前挖一口半月形水塘（约50平方米）饲养田鱼。如今，青田汤思退故居大部分都已消失，只留下一处半月形的水塘，原名“汤宅塘”，后因汤宅易主留姓，该水塘被改名“留宅塘”。现今的“留宅塘”却不仅仅指这一池塘，而是已成为了街巷名。岁月更迭，“留宅塘”数易其主，而在塘里养田鱼的习惯却始终未变。时至今日，该塘尚养有些许田鱼。

❷ 传统知识与技术

（1）生产知识　农业思想——中国农民很早就有“顺天时，量地力，用力少，成功多”的“天地人稼”和谐统一的思想观念，稻鱼共生就是这一思想观念和文化传统影响下生态农业发展的具体体现。“稻鱼共生，和为一体”，不仅是中国传统农耕文化重要组成部分，更是农业文化遗产极富特色的代表。

生产知识与农具——长期稻田养鱼的生产实践使农民积累了丰富的稻鱼共生知识，认识到鱼能除杂草、食害虫、松土和肥田，也创造了丰富的稻田养鱼的形式和器具，例如：田耙、金光圈、稻梯、稻桶、箩、畚斗、桶、草刀、锄头、畚箕、耖、牛轭、雷轴、耙、石臼、手磨等。

（2）传统技术　在水稻病害防治方面，鱼可以吃掉稻田中的一些病菌，另外，村民有时还上山采些樟树枝、松树枝浸泡在田里，防止水稻和田鱼的病害。在除草方面，还使用一些传统特制的除草工具进行辅助控草，如有在田中除草的工具，也有在田埂上除草的工具。在控虫方面，以前农民通常用油（如桐油、菜

籽油和茶油等）来除虫。具体做法是先将油滴入田间水面，然后用一个木耙（呈丁字形）将水和油一起推扫水稻禾叶，禾叶上的害虫就会被扫落到田中，并被油粘在水面上，这样鱼就可以以它为食，达到了除虫喂鱼一举两得的效果。另外有的农民还采用诱虫灯来除虫，灯架中一般挂一盏煤油灯，灯下有个托盘，托盘里

鱼篓（青田农业局/提供）

打稻谷（吴敏芳/摄）

控制虫害（青田农业局/提供）

盛有桐油、菜籽油和茶油等。利用昆虫的趋光性，一些向光而来的昆虫就会被烫死落入托盘被油粘住，白天将这些俘获的昆虫倒入田中作为鱼的饵料，可以同样达到除虫喂鱼的效果。而现在大部分稻田养鱼地区都会使用农药除虫。

耕田（青田农业局/提供）

牛与鸟（汤洪文/摄）

四

稻鱼之魂

（一）鱼文化

（1）鲤鱼的文化意蕴　鲤鱼是我国流传最广的吉祥物，在传统年画、窗花剪枝、建筑雕塑、织品花绣和器皿描绘中，鲤鱼的形象无所不在。鱼腹多子，繁殖力强，“鱼”又谐音“余”，因而寄予了人们希求子孙绵延和丰收富裕的美好愿望。关于青田田鱼，有着许多美丽的传说。

《方山田鱼的传说》

相传很早以前，有一条身居奇云山的青龙非常凶残，见龙源坑溪流清净，环境优雅，久想占为己有。这一天它趁居住在龙源坑的白龙怀有身孕之机前来争夺地盘。白龙为了维护当地百姓的利益不顾自身安危与青龙进行了殊死的争斗之后不幸流产。白龙的表妹东海龙王的外甥女鲤鱼公主闻讯赶来方山相救。

鲤鱼公主心地非常善良，看到表姐被凶残的青龙击伤，浑身血污，流产后更是身体异常，非常心痛，便留下来照顾白龙。期间，为了使白龙早日恢复健康，她不辞辛劳来回往返奇云山，采来仙药为白龙治伤；见白龙产后缺血，鲤鱼公主就悄悄地取自己身上的心血为白龙补血；还忍痛拔下自己的鱼鳞为白龙修补上被青龙抓落的龙鳞，昼夜守护在表姐的身旁。由于鲤鱼公主的悉心照顾，终于使白龙伤愈。鲤鱼的一片姐妹深情让白龙非常感动。为了能和鲤鱼朝夕相聚，白龙就说服鲤鱼在方山安家。

鲤鱼见方山不但百姓善良，而且风景秀丽，稻田肥沃，水资源充足，很适合自己栖居，于是就同意在此地定居。开始她生活在水田里，后来扩大到池塘溪坑生衍繁殖后代，色彩也由单一的黑色，变成了红黄黑白等多种颜色，成了当地特有的水产。

方山人为了感激鲤鱼的恩赐，烧吃时从不打鳞，剖腹后也不血洗。传说，鱼血是田鱼的灵性，洗去它会使田鱼失去灵性；不打鳞是因为不忍心看到田鱼为民献身的痛苦样子，这习俗一直沿袭至今。

搜集整理　叶则东

《樵夫与田鱼的传说》

方山水源充足，家家户户，村前村后稻田里都养满了田鱼。关于田鱼，当地有一个美丽而动人的神话传说。

相传，从前方山十八潭下游住着一个贫苦而善良的农民，父母双亡，天天到奇云山上砍柴卖。每次挑柴回来经过十八潭时，都在十八坑潭边歇息洗洗手，洗洗面，喝口山泉水解解渴、解解乏。

有一年六七月，老天好久未下雨，坑水断流，樵夫砍柴回来照常坐在坑边歇息。因近处水流干涸，就到百步远的小坑潭边，正要捧水喝，猛见下面一个快要干涸的小坑潭里有一条小鱼正在拼命蹦跳、苦苦挣扎。心地善良的樵夫，见小鱼可爱又可怜，快要被渴死，急忙摘来了一张大芋叶装上水将它捞起装在荷包中，带回家养在水缸里。

此后，樵夫天天给水缸换上清水，并给小鱼喂食，看着小鱼一天天长大，心里非常高兴，给这单身原本没有生气的家庭带来了欢乐。经过樵夫精心的饲养，小鱼慢慢长成了一条美丽的大鱼。樵夫见鱼大水缸太小，游动困难，无奈只好恋恋不舍地将它投放在自己屋后的稻田里，每天仍与往常一样给它投放喜欢吃的食物，令鱼儿非常的感激。

有一天，樵夫砍柴回家像往常一样揭开锅盖准备下米做饭，不料刚把锅盖打开就冒出了一股热气腾腾米饭的香味，又揭开桌上的菜罩，见桌上还摆着整整齐齐、色香味俱全的四菜一汤呢。这一下可把樵夫呆住了，究竟是怎么回事呢！心里非常疑惑。问周围邻居，谁都说不知道。此后一连好几天都是这样。为了查出究竟，这一天樵夫和往常一样装着上山去砍柴，但到半路就返回家躲在门外偷

看。这一看更让他感到惊奇。原来草屋内竟有一位美丽的姑娘在帮他烧饭洗衣干家务。发现了秘密后，樵夫迫不及待地闯进屋，姑娘躲避不及，顿时觉得十分不好意思，在樵夫寻根刨底的追问下，姑娘只得说出了自己的身世与因由。原来美丽的姑娘是当地十八潭的鲤鱼仙姑，因潭水干涸险被困死，幸亏樵夫相救，为感谢救命之恩，特化为村姑来报答恩情。樵夫听后连声说："这只是凑巧而已，不足挂齿！"但心里却非常高兴。俩人一个年轻、勤劳、朴实，一个天生丽质、贤惠、能干，真是天缘巧合，就一见钟情，相互倾诉，顿时摩擦出爱情的火花，很快地成了一对难舍难分的恋人。

鲤鱼仙姑为了和樵夫做永久的夫妻，有一天告诉樵夫自己要脱掉鳞衣，让他将鳞衣扔进水田里才能永久成为人，樵夫不忍心鱼姑娘为他脱鳞衣的痛苦，但拗不过仙姑的再三请求终于答应了。当樵夫把仙姑脱下五彩缤纷的鱼鳞衣投入稻田后，居然变成了无数条色彩绚丽的小田鱼，在稻田里欢快地畅游。

从此，田鱼在方山稻田中历代繁衍生息，与水稻共生，深受当地人的喜爱。成为远近闻名的田鱼村。

搜集整理　徐松敏

《《陈十四除妖救田鱼的传说》》

相传，唐大中年间，一条修炼千年的南蛇精从福建流窜到青田县城太鹤山，赶走世居在白鹤洞中的白鹤，强夺灵芝草祸害人畜，无恶不作，被庐山洞除妖圣母陈十四娘娘除灭后，恶性不改，阴魂随风飘到距县城30里外的奇云山，重新变成一条黑蛇在山洞中隐居，经常出洞祸害当地老百姓。

有一天，黑蛇精从奇云山游到方山，见此地山清水秀，土地肥沃，家家户户水田里放满田鱼，又肥又壮，不禁垂涎欲滴。于是就趁夜深人静时偷吃了水田中的田鱼。时间一长，方山所有田中的田鱼几乎被黑蛇吃光，连鱼苗都难逃厄运，急得农民个个伤心落泪。后来知道是黑蛇精作怪，又听说蛇精最怕除妖圣母陈十四娘，有人提议点起香烛，请陈十四娘娘前来除灭蛇妖，以保当地田鱼繁衍生息和百姓安宁。

这一天，除妖圣母陈十四娘娘正在庐山洞修身炼法，忽然浙南青田方山方向传来一缕香烟，掐指一算大吃一惊，原来是太鹤山被自己除灭的南蛇精阴魂逃到奇云山，重新变成黑蛇在当地作恶，偷吃田鱼，祸害方山百姓，不禁怒气填胸，即刻手持斩妖剑就腾云来到了方山。落下祥云后见原先鱼稻共生充满生机的田园，由于黑蛇精作恶，农田里竟没有一条鱼苗的踪影，阴影笼罩着整个村庄，百姓苦不堪言。见此，圣母心中非常气愤，决心除灭蛇妖，保护当地百姓不再受妖精侵害！

当晚娘娘就蹲守在田头一心等候蛇精的到来。当蛇精又和往日一样来到方山，准备下田捞鱼时，猛见陈十四娘娘手持龙泉宝剑守在田旁，顿时吓得魂飞魄散，想顺田埂的草丛逃跑。陈十四娘娘哪里肯放，黑蛇精还没有来得及转身，只听圣母娘娘大喊一声："畜生哪里逃！"随即手持利剑就向蛇妖劈去，将其斩为两段。为了防止蛇妖再次害民，圣母娘娘又狠狠地将黑蛇妖剁成了肉泥，然后把它踢到了水田里去，说：孽畜恶性不改，死不醒悟，只好让你化为乌泥永远在此肥田了！"

蛇妖被除后，方山的田更黑更肥沃，田鱼再也没有受到外来的侵害，更肥了，世代与水稻相依为伴，年年鱼稻丰收，百姓丰衣足食。当地人为纪念除妖圣母陈十四娘娘的恩德，在风景秀丽的松树下建起了一座命名为"悟性寺"的寺庙，供奉陈十四娘娘，倡导弃恶从善，保佑地方百姓，有求必应，十分灵验，受到当地历代人的礼拜，香火旺盛，沿袭至今。

搜集整理　叶则东

《小舟山田鱼的由来》

传说小舟山田鱼是东海龙王的外孙女变的，这里流传着一个美丽动人的故事。

很早以前，小舟山村里有个青年叫田农。一天，他卖了柴，正往家走，路上见一个妇女提着一条受伤的红鲤鱼，那鱼奄奄一息，在死亡线上挣扎着。他见鱼流着泪，滴着血，非常同情她。于是，他将卖柴得来的钱买下这条鱼，又到路边人家借

来一只水桶，将她放在水桶里带回家，然后把她养在水缸里好好疗伤。田农非常喜欢她，每天早晚喂她吃，换上新鲜水，还经常同它说知心话。

红鲤鱼伤好后，田农想将她送回瓯江，让她在大风大浪里生活。可是，当他将水缸盖子打开时，水缸里突然站起一位姑娘，对田农说，“你不要怕，我就是那条小鲤鱼。我不会离开你，你是我的救命恩人，我要嫁给你。”

田农说自己父母早亡，一个人生活了十来年，已经习惯了，家里很穷，不能娶她。

鱼说，真正的爱情不言贫富。如果不娶我，我就终身留在你身边，为你洗衣做饭。

田农没办法拒绝，只好答应她。

举行婚礼这天，邻近村庄的人都赶来祝贺，赶来看热闹，因为人鱼结婚毕竟史无前例，人们争相一睹为快。

但是，天有不测风云。田农和美人鱼正沉浸在幸福之中，突然，天空乌云密布，电闪雷鸣，半空中传来可怕的声音。“田农，你听着，我乃东海法龙是也。小鲤鱼实为小龙女，是东海龙王的外孙女，位列仙班。仙法规定，人仙不能通婚。你诱拐仙女，罪该万死，我受东海龙王之命，依法要将你就地正法。”说罢，电鞭挥舞，将田农抽得遍地打滚。

小龙女挡住电鞭，求饶道。“法龙大人，这事同田农无关，有法我来服。田农是我的救命恩人，没有谁诱拐谁。请你回去告诉我外公，我不要做神仙了，愿在凡间做普普通通的人。我要自由。我要田农。”

法龙气势汹汹地说，“小龙女，你这是第三次逃亡人间了。我同你约法三章：一、你留在凡间可以，但不能与人类同居一室；二、你与田农交朋友可以，但不可通婚；三、废除你的法力，永不复原形。同意还是不同意？”

小龙女抱着受伤的田农，泪流满面。为了田农的生命安全，她只好答应。

小龙女飞上半空，接受制裁。法龙剥下她的龙皮，将她变为鲤鱼，然后抛落云头，摔在田农屋旁的水稻田里。

一场喜筵，成为悲剧。

此后，田农天天去看望她，关照她的生活，还从瓯江捕来雄鲤鱼，与她配对，繁衍后代。小龙女从此永别仙班，成为水里佳人，悠游稻田，与水稻共生，与田农相亲。

这就是小舟山田鱼的由来。

搜集整理　李青葆

《《罗隐与方山龙现的故事》》

青田方山不但田鱼名闻天下，而且那里的农民在用牛耕田时不用牛绳，提起这两者的来由，当地有这样一段动人的传说。

相传唐朝年间，浙江富阳有一位姓罗名隐的秀才，他满腹文章，而大半辈子贫穷潦倒。而神奇的是此人是“讨饭命，圣旨口”，说怎样就是怎样，随口说说都十分灵验。他自己也知道有此特异功能，所以，面对贫困人家，他都是尽量说些好话。日子一长，人们都尊称他为“罗隐相”。有一次，罗隐从丽水挑着两笼装得满满书籍的书笼，经过青田准备到瑞安去，不料在离方山不远的地方，由于书籍过重，套在扁担上的书笼绳断了无法再挑。此时周围没有人家，该到哪里去找绳子呢？正在焦急时，他抬头看见路下一垢水田地里，一位当地农夫正一手扶着犁耙、一手攥着一条牛绳喝水耕田。罗隐见后十分高兴，心想何不借这农民手中抓的牛绳当书笼绳？想着，想着，就上前向农夫说明了自己的来意。谁料农夫听后不高兴地回答说：“这位过路客官，你挑担赶路重要，难道我耕田赶季就不重要？把牛绳借给你，叫我如何驾牛耕田？”罗隐听了他的话后，觉得也在理，一时无言可答，想了想之后对他说：“这位兄弟言之有理，但只要你肯把牛绳借给我，我不但会让你的牛从此不再用牛绳也能耕田，并且所有地方的耕牛犁田今后都不用牛绳拉套！”农夫听后不禁笑了起来 说：“客官，你别胡说八道了，天下哪有此等奇事？”罗隐说：“我说的是真的，不信请你解下牛绳试试！”农夫见他态度认真不像是骗人，便停下手中的犁耙解下牛绳递给了他。罗隐接过牛绳十分高兴，用手拍着农夫的肩膀说：“你下田犁地去吧！”然后对着水田里的黄牛念道：

"方山龙现人心好，犁田不用牛绳套。"

农夫心想手中没有了牛绳，这牛怎么能听我使唤呢？心中有些迟疑不决。在罗隐秀的再三催促下只得下田操起了犁耙。说来奇怪，原先站在水田中一动不动的耕牛不用主人使唤就拉起犁来，而且犁得又快又整齐，没有牛绳拉套的黄牛行动起来更加自如，越犁越快，简直是在水田里奔跑。

农夫们心里又高兴又感到非常好奇，都停下手中的活计，上前跪拜罗隐，连呼"神仙老爷！"罗隐连忙把他扶起，说："我不是神仙，我只是一个穷书生。"随后罗隐还问他们有什么要求，农夫们说："我们自种稻子自己养猪，有米有肉。但是，我们这里没江没河，离海又远，一年到头吃不上鱼，要是再有一个养鱼的地方就好了！"罗隐说："这好办。"他把手朝空中一挥，口里再念道：

"仙姑下凡化彩鲤，长在方山伴水稻。"

顷刻间，一朵五彩祥云从远处飞来，落在农夫面前，五彩祥云里跳出一群美丽的仙姑，纷纷跳入田中，化成了一条条美丽的田鱼，在水田中畅游，顷刻间越来越多，几乎全方山的水田里都布满了五彩缤纷的田鱼。

从此以后，方山农民耕田再也不用牛绳了，水田中的水稻与田鱼世代相伴共生，沿袭至今，成了当地的一道靓丽独特的风景。

搜集整理　叶则东、徐香久

《田鱼报恩救善人》

相传，从前鹤城瓯江江畔住着一位姓陈的老人，夫妻俩心地善良，乐于助人，被乡邻称赞为"陈善人"。

有一天清晨，陈善人像往常一样，早起到江边大埠头码头道路散步，迎面碰到一中年农夫手提一条红色大田鱼向停靠江边舴艋船的老大叫卖。陈善人不由地停住了脚步，见此鱼浑身红色的鱼鳞金光闪闪，非常可爱，但看到它在农夫手中拼命挣扎的样子又觉得十分可怜。鱼见到老人后，忽然双眼滚出了一串晶莹的泪珠，像是在向他求救。见此，善良的老人恻意油生，就问农夫此鱼是从哪里捞的？农夫见老人相问，答道："此鱼是被山洪冲入溪坑的方山大田鱼，今天早上路过龙现在十八潭捞的，又大又鲜活红烧后味道可好了，老人家何不买去尝尝？"听农夫的话语，想到如此活蹦直跳可爱的田鱼即将成为他人口中的美食，老人心里感到十分伤痛。于是，二话未说就买下了田鱼，将它送到瓯江对面水南栖霞寺放生，使这条可爱的大田鱼逃过了劫难，在栖霞寺放生池过起了无忧的生活。

转眼过去了三年，老人早将此抛在了九霄云外。这一年的春夏之交，老天爷突然发怒连下暴雨，瓯江水位猛涨，两岸房屋、农田淹没变成一片汪洋，陈善人一家也被困在突发而来的洪水中，束手无策，只求苍天开眼退去洪水保佑百姓躲过劫难。但老天并不领情，仍在下雨，而且越下越大，瓯江的水位也越涨越高，全家人只好逃到二楼避难。眼看整幢房子在水中摇摇欲坠，情况十分危急，正当一家人求生无门的危急关头，突然间瓯江上游有一艘小舴艋船向他家的方向飘来。见此，全家人感到有了救星，急忙找来绳子扔出将小船套住爬上了船，一家人随着小船一直飘到了温州。

奇怪的是，当全家人刚离开小船登上岸，小舴艋船却神奇地消失，只见一条大田鱼在岸边不停地向老人家点头，然后迅速迎着猛扑过来的大浪向江中心游去。看着红田鱼的离去，老人心怀感激，这时才猛然想起自己三年前在瓯江边买鱼放生的往事，将此事告诉家人后全家人都感到非常的惊奇，心想此次脱险死里逃生一定是放生田鱼显灵相救。于是，全家立即跪地拜谢鱼神的救命之恩！

原来，此鱼是方山龙现十八潭的田鱼仙姑，三年前因被山洪冲入坑潭被捕捉，幸遇陈善人相救放生。此次也是因瓯江特大洪水将它从栖霞寺放生池冲入瓯江，见恩人一家被困水中，生命危在旦夕，故化为小舴艋船前来相救，使老人一家平安脱险。俗话说"行善者终会有善报"，田鱼仙姑报恩救善人的奇事，在当地立刻被传为佳话。

从此，田鱼成了青田人心目中的神灵，放生的信徒越来越多，水南栖霞寺还为放生田鱼立下寺规保护，不受任何人的侵害，田鱼放生成为习俗，在当地历经千载，沿袭至今。

搜集整理　叶则东

青田田鱼（青田农业局/提供）

（2）**水乡文化**　方山乡几乎家家邻水，户户有池。龙现村也是“房前屋后都养鱼，有水就有鱼，田鱼当家禽”。传统的田鱼养殖，形成了一个青山绿水、房前屋后、田头地角鱼欢鲤跳的“石桥流水鱼跳，老树绿藤人家”的水乡田园景象。

（3）**饮食文化**　田鱼的烹调技艺与田鱼干的加工制作等饮食文化是农业遗产文化保护的重要内容之一。田鱼可以不经过去鳞就直接进行烹调，经烹饪后的鲜田鱼味美、性和、肉细、鳞片软且可食，烹饪方法有红烧、糖醋、清炖等数十种。由鲜田鱼熏制加工制作而成的青田田鱼干是闻名中外的青田地道土特产，而田鱼干炒粉干更是青田人最爱吃的一道传统名菜。

烘田鱼干（青田农业局/提供）

晒田鱼干（青田农业局/提供）

田鱼干（青田农业局/提供）

（二）青田鱼灯

在青田，只要提及青田稻鱼文化，人们最先告诉你的就是“青田鱼灯”。青田鱼灯是青田稻田养鱼衍生出来的民间灯舞，而它的影响却似乎超过青田稻田养鱼本身。

尽管稻田养鱼覆盖到青田大部分农村，但毕竟还有少数地方至今还不具备养殖条件（主要是沿瓯江两岸地势低矮处，因瓯江发大水淹没稻田，田鱼会被水冲走），即便是农村的水稻种植户中，也有少数人在稻田里没有养田鱼，但是，青田鱼灯活动却遍及青田城乡，甚至全世界有青田人居住的地方。

鱼灯表演（青田农业局/提供）

鱼灯仿照淡水鱼形象制作，造型美观，色泽鲜艳，一般由11盏、13盏、15盏组成灯队。每逢春节、元宵节等重要节日，便开展鱼灯表演活动，借此弘扬传统文化，活跃节日气氛，被誉为“天下第一鱼”。

《“青田鱼灯”与青田稻田养鱼》

据《浙江省非物质文化遗产代表作丛书·青田鱼灯舞》记载：古时，青田先民在稻田中养鱼，（稻谷）收成时以鱼饭祭祀天地神明，祝愿年年有余。祭罢天地神明后，人们才动筷，于是逐步形成了“尝新饭”的习俗。到了冬天，仅剩少数田鱼，并且进入“冬休”期，这时候，人们自然舍不得再将田鱼宰杀烹煮。可是，人们对田鱼却情犹未了，特别是在节庆期间。于是，人们便在春节、元宵节等重要节日里制作田鱼形灯笼悬挂在自己家门，将“尝新饭”习俗延伸扩展成为另一种民俗活动——灯会。据清光绪版《青田县志·风俗卷》记载：自唐朝建县以来，青田人“上元节市巷皆悬灯”。可见，田鱼很早就成了青田民间的图腾。

龙现鱼灯（青田农业局/提供）

1 刘基和青田鱼灯

在青田民间，田鱼有两种寓意：一是象征“年年有余”，一是象征“跳龙门”，寓意飞黄腾达。至于悬挂在家门的“青田鱼灯”怎么会形成一种民间舞蹈？这里涉及一位历史名人——刘基。元朝末年，生性刚直的刘基因受同僚排挤，被迫弃官隐于青田，他把原来作为悬挂物的鱼灯进行整理，增加了灯的数量，丰富了鱼的类型，并形成舞蹈阵图。作为熟谙军事知识的刘基，在编创“青田鱼灯舞”的过程中，有意无意地让大量军事上的阵图渗透其中，形成具有独特操习风格的民间舞蹈——“青田鱼灯舞”。在以后的历史长河里，尽管“青田鱼灯

龙现女子鱼灯队（青田农业局/提供）

舞”几经演变，但军事风格始终保留；同时，在众多的淡水鱼形象的灯具中，大部分还是保留了“田鱼”形象。一是因为田鱼的色彩比较丰富；二是田鱼属于鲤鱼科，善于跳跃，符合舞蹈动作跳跃性较强的特征；三是青田人对田鱼有一种特殊的感情。

据史载，刘基多次上表元朝廷，请求剿灭方国珍，最后被元朝廷采纳。而后刘基又被罢官，刘基为防方国珍余孽报复，在家乡招募义兵，日夜操练，以防不测。至于刘基编创“青田鱼灯舞”的动机，青田民间甚至民俗专家是这样说的：刘基在训练义兵前，因担心朝廷疑其有反心，故把“青田鱼灯”改编为借口教义兵练习“青田鱼灯舞”，其实是在操练阵法。这种说法作为民间传说尚可，如果把它作为史料，却值得商榷——打仗不是儿戏，用民间舞蹈来操练阵图，是不可行的，也是不可能的。

那么刘基为什么要编创“青田鱼灯舞”呢？首先，看一下青田“田鱼文化”

的两个特征：一是广泛性，青田的稻田养鱼无处不在，无人不知；二是寓意性，青田田鱼是经过驯化的鲤鱼，善跳跃；其次，青田山多田少，历代老百姓谋生艰难，人们寄希望“鲤鱼化龙”，跳出龙门，走向象征光明、幸福的月亮。另外，再看一下刘基的诗作《古镜词》。

古镜词

（明）刘基

百炼青铜曾照胆，千年土蚀萍花黡。
想得玄宫初闭时，金精夜哭黄鸟悲。
鱼灯引魂开地府，夜夜晶光射幽户。
盘龙隐见自有神，神物岂有长湮沦。
愿借蟾蜍骑入月，将与嫦娥照华发。

这首诗的创作时间是刘基被元朝庭罢黜以后，投奔朱元璋之前的这段时间。诗里把元政权下的黑暗社会比作“地府”。他此时的心情愤懑却并不悲观，他想借“鱼灯”抒发想寻找“晶光”的心愿，他更“愿借蟾蜍骑入月”，实现人生抱负。但是，作为悬挂在家门的鱼灯又怎样“引魂开地府”以寻找“晶光”？又怎样化“蟾蜍骑入月”呢？于是，刘基在写此诗后，又灵感突发：让鱼灯走下每家门口，游入地府，发出晶光，让田鱼化作神龙，直跃长空。

如果仅凭这一首诗就断定青田鱼灯为刘基创作，未免显得牵强。但是还可以找出其它佐证。据《国家非物质文化遗产——刘伯温传说》里记载：“刘基应海溪友人朱君之请，为撰写朱氏宗谱序而到过海溪。”时至今日，在青田海溪乡马岙村《朱氏族谱》里，仍保存着刘基为之所作的“序”。《朱氏族谱》里还记载：“刘基姑婆，青田章旦人，嫁海溪马岙。”《刘伯温传说》里还详细描述了刘基在海溪教村民演练鱼灯舞的情景。另外，如今在

刘基像（清　顾见龙/绘）

青田章旦还流传着少年刘基在章旦红萝山读书的故事。再从刘基故乡南田到海溪的交通线路来看：南田—方山—章旦—海溪。再从这四个地方的特色来看：南田是刘基故里，至今每年还举行盛大的刘基祭祀大典；方山是联合国粮农组织确定的“青田稻鱼共生系统”的保护区；章旦至今还保留着浓厚的读书风气，章旦中学被民间誉为“深山名校”，其办学方式和教学质量常受到教育部的关注。由此可见，上述历史故事并非杜撰，有关刘基和鱼灯的关系并非空穴来风。

菜窝遣兴

（明）刘基

岁暮寒气冽，今晨颇和缓，

登高眺原陆，陡觉生意满。

日色照地黄，墙影看照短。

草抽识土膏，鱼出知泉暖。

吾生亦天物，安得不乐衎。

且复撷其蔬，独酌慰衰晚。

溪南草堂即事

（明）刘基

溪上草堂盈十寻，疏杨密竹各成阴。

绿烟绕舍桑畦静，白水当门稻穟深。

过雨忽翻金碧影，凉蜩乱发管弦音。

此时不省愁何在，坐到鸦栖月满林。

❷ 青田鱼灯与农耕文化

时至今日，青田鱼灯舞依然保持着两大基本风格：一是游弋状，二是跳跃状。另外，鱼灯道具以红色为主，其他则多色多彩，符合田鱼基本色彩。鱼灯道具里四条“头鱼”则是龙头鱼身，含“田鱼化龙”、“跳龙门”等寓意。

历代农民的生活都是根据四季变化安排，农民喜欢田鱼，然而农民最大的愿望是“鱼”能化“龙”，指望子女或后代能跳出“龙门”，飞黄腾达。青田鱼灯舞有“春鱼戏水”“夏鱼跳滩”、“秋鱼泛白”（又名“鲤鱼产籽”）、“鲤鱼跳龙门”、“冬鱼结龙”5个基本阵图。每个基本阵图又含10多个小阵图。不同的阵图（包括舞蹈动作）不但是根据鱼在不同季节里的生活习性而设计，而且都有不同的寓意。

■“春鱼戏水”是模仿“一字长蛇阵”、“二龙出水阵”等军事阵图，把春天田鱼嬉水的欢乐情景表现得淋漓尽致，充分表达人们对美好生活的向往。

■ 细心的人都会发现：盛夏时节，特别是雷雨前夕，空气十分沉闷，为寻找新鲜空气，鱼类往往会跃出水面，特别是田鱼，甚至会跳往另一块田。“夏鱼跳滩”就是根据鱼的这一特性而设计，主要特征是纵向跳跃——箭一般射向前方，寓意人们勇往直前的

青田鱼灯（吴焕章/摄）

精神。

■金秋时节，新谷登场。鱼羹稻饭，其乐融融。这是田鱼产籽的时候。“秋鱼泛白”所表现的正是田鱼产籽的情景。在现实中，鲤鱼产籽时都是匍匐着身子的，而在鱼灯舞里，其动作却是让“鱼儿”的“肚子”朝上。为此，曾有民俗专家向舞鱼灯的农民询问其故，农民们回答：“女人生孩子都是肚子朝上的，我们为什么不可以让‘鱼’也肚子朝上？”原来农民是把“田鱼”也当作人看待。所以，该阵图有两个名称：“秋鱼泛白”和“鲤鱼产籽”。可见，该阵图表现的主题不仅仅是对生命繁衍的敬仰，同时还充分表现对田鱼的深厚感情。

■第四大主阵图是“鲤鱼跳龙门”。爱跳跃是田鱼的习性，而传说中的“龙门”是指科举制度中的“状元及第”。对于青田鱼灯舞中的“鲤鱼跳龙门”，青田民间的说法是：当年刘基在编创“青田鱼灯舞”时正值人生最低潮，他是通过该阵图抒发自己时来运转、再展人生宏图的心愿。而后来历代的老百姓则是希望子孙后代能高中状元，出人

锣鼓鱼灯（李开文/摄）

头地。“鲤鱼跳龙门”是青田鱼灯舞的高潮部分：两盏“珠灯”相隔两米左右，分站为“门”，在轻松欢快的锣鼓声中，四条龙头鱼身的大红田鱼（俗称“头鱼”）慢悠悠地依次跳过“龙门”，随着鼓点节奏的逐渐加快，“跳龙门”的速度也逐渐加快。最后，在暴风雨般的鼓点声中，众鱼快步如飞，排山倒海般依次跳过“龙门”。

■“冬鱼结龙”是青田鱼灯舞中最后一个阵图，也是灯舞高潮后的一个尾声，表现冬天田鱼潜入水底抱团成群的自然现象。寓意越是遇上恶劣的环境越要团结一致的人生哲理。

❸ 青田鱼灯的发展

（1）鱼戏莲花　由于青田人对稻田养鱼的特殊感情，曾有人试图在传统的青田鱼灯舞中植入水稻，却终因水稻的形状难以制作灯具而最终搁浅。但是，农民的这一大胆想法却激起文化工作者的创作灵感：青田农村不是有种莲子的习惯

少儿版鱼戏莲花
（青田农业局/提供）

吗？莲塘里不是也养殖着田鱼吗？莲花和荷叶在舞台上可好看了。于是，至20世纪90年代，青田的文化工作者便创作了新的灯舞“鱼戏莲花”，而且大获成功。如今，青田县文化部门把方山乡中学作为国家级非物质文化“青田鱼灯”的传承基地。青田县教育部门把“鱼戏莲花”舞蹈作为青田鱼灯舞的附加版本，列入学生必修课。

戏莲花获奖
（青田农业局/提供）

（2）走向全国，走向世界　随着社会的发展，许多非物质文化遗产都逐步走向衰落甚至消失，而青田鱼灯舞却以独特的魅力吸引着人们的眼球，并且走出青田，走向全国，走向世界。

■新中国成立前，青田鱼灯舞一般都是在春节期间由民间自发举行。

■1952年，由青田县文化馆发起，在县城郊区的农民和青田建筑公司的工人中挑选人员，组建“青田县工农鱼灯队”参加全县文艺会演。这是青田鱼灯第一次由官方组织登场亮相。至1954年，青田县鱼灯队赴杭州参加全省文艺会演。从此以后，青田鱼灯多次应邀外出，在省城乃至全国各大地区频频亮相。

■1984年，青田海溪乡马岙鱼灯队应邀赴杭州参加中日青年联欢，这是青田鱼灯舞第一次与外国人接触。

■1999年10月1日，青田马岙鱼灯队应邀赴北京，在天安门广场中心表演区参加国庆50周年文艺演出及国庆游园活动，江泽民等党和国家领导人在现场观摩。

■2001年，青田鱼灯舞应邀参加中国民间艺术节表演，继以在央视“乡村大世界”播出。

■2002年，青田鱼灯舞应邀赴西班牙，在巴塞罗那参加“中西建交50周年暨中国·青田民间艺术节”。

■2007年春节前后，青田鱼灯舞再次赴西班牙演出。是年，青田鱼灯

参加北京奥运会期间文艺表演（青田农业局/提供）

舞在央视“中华情”栏目播出。

■2008年，青田鱼灯舞被国务院列入第二批国家级非物质文化遗产名录。

■2009年，11位意大利青年专程来青田学习鱼灯舞技艺。此后，在意大利罗马有了一支由意大利人和旅意华侨联合组成的“意大利·中国青田鱼灯队”。

■2011年，“意大利·中国青田鱼灯队”应中国驻意大利大使馆邀请，在罗马参加“中意建交40周年暨意大利·中国文化年”文化交流演出。

参加上海世博会表演（中国青田网/提供）

■ 2012年，“意大利 · 中国青田鱼灯队”应邀参加远东国际电影艺术节开幕式演出。

■ 2013年，青田鱼灯舞在“青田田鱼文化节”开幕式上展演，受到海内外30多家媒体的采访报道。

■ 2015年，青田鱼灯舞亮相意大利米兰世博会中国馆日的演出。

外国人学鱼灯舞（青田农业局/提供）

青田鱼灯舞亮相米兰世博会（农业部国际交流服务中心/提供）

（三）稻鱼文化习俗

民间习俗是人民群众在日常生活中形成的，渗透于岁时、生产、商贸、生活及信仰等各方面的风俗习惯和信仰活动，为社会生活中的重要组成部分。《方山乡志》把民俗分为“生产习俗”5条、“生活习俗”4条、“建房、砌灶”3条、“礼仪习俗”13条、“岁时习俗”8条、“社会习俗”8条等六部分41条。

龙现还有一个“民俗文化馆”，集中展示了龙现的田鱼文化、华侨文化和农耕民俗文化。大厅两边摆满了20多个国家的国旗，代表龙现800多华侨生活工作的地方。在各个展厅摆放了织布机、石磨、耕作农具等传统农耕织具，仿佛可以看到龙现祖辈们那种“你耕田来我织布，你砍柴来我烧饭”的田园生活。

1 尝新饭

“尝新饭”是青田的一个重要民间习俗。

青田山多田少，人们的粮食一直是以番薯为主，而少量的稻米自然成了“珍稀食物”，人们称之为“细粮”。由于稻米的珍贵，农民们对其极为看重。另外，农作物收成或丰或欠，与当年的气候有着很大的关系。在科技知识并不普及的年代，人们普遍认为：粮食丰收是天地神明的恩赐，反之，则是天地神灵对人们的惩罚。所以，为了“讨好”天地神灵，希望来年风调雨顺，人们每年都要把最好的粮食的第一口让天地神明先“尝”，只有先祭祀天地神明，人们才能自己品尝。

另外，既然是“吃饭”，必须还得要有“菜餚”。青田传统中最好的“饭”是稻米饭，那最好的菜是猪肉。但是，在过去，农民一年养一头猪很艰难，一般要等到过年时才能宰杀，而且还要卖掉大部分的猪肉，用以平时买盐买布所需。平时想吃点猪肉也极不容易。农民在稻田养殖田鱼，无需专门为之喂食，相比在家养猪要容易得多。再说，一般家庭，猪只能一年养一头，自然不能随时宰杀；而田鱼则是无

尝新饭（青田农业局/提供）

数条，随时都可以捕捞几条宰杀。所以，人们在祭祀天地神明“尝新饭”的时候，同时也摆放几条烧熟的田鱼。

在农民心目中，一年一次的“尝新饭”习俗，也算是一件较为隆重的事，不亚于一般节日。首先，“尝新饭”要请懂得阴阳风水的人拣一个吉祥的日子。其次，在众多“尝者”中，谁先“尝”，谁次之，谁再次之……都有严格的讲究。

最先“尝”的是天地神灵：就是把一碗新米煮成的饭，一盘烧熟的田鱼，几盘素菜在桌上露天摆放，然后插香点燃，主人跪拜祈祷，最后烧点纸钱。

其次“尝”的是列祖列宗：就是把一碗新米煮成的饭，一盘烧熟的田鱼，几盘素菜（不能用祭过天地的鱼、饭和素菜，要另盛。）在房屋中堂祖宗灵位前，仪式依照前者。

再次“尝”的是家中主要男劳力。（古时候流行“男主外，女主内”，田里的活大多是靠男人去干。）这里的“尝”是指“第一口”，是一种象征性行为，而不是由男劳力吃完整顿饭。

最后“尝”的是妇女、小孩以及老人——至此才是合家共享“稻饭鱼羹”。青田人所谓“新米饭撞鼻头，红田鱼满盘头”的那种满桌乡味野趣，自有一番独特的尝新喜悦。

在人们欢天喜地“尝新饭”的同时，也没有忘记辛勤耕作的牛。所以，在人们“尝新饭”的那天，牛不能吃陈稻秆，要将新鲜稻秆给牛品尝，称为“尝新稻草”。同时，在这一天，牛不能喝水，要专门烧煮大桶的米汤让牛喝，称为“尝新米汤”。同时以鸡蛋喂牛，以作奖励。

《《徐容丛与稻鱼诗》》

徐容丛（1886—1950），浙江青田北山镇白岩村人。自幼能诗，至青年投笔从戎，1904年考入浙江武备学堂，与青田籍校友夏超等9人参加革命党，后来加入孙中山领导的同盟会，成为反清志士，从武备学堂毕业后在新军中任连长，辛亥年九月参加杭州起义。40岁归隐田园，平生著诗颇多。以下两诗为归隐后所作，诗中可见作者对稻田养鱼情有独钟。

咏田鱼

一升麦子掉鱼苗，红黑数来共百条。

早稻花时鱼正长，烹鲜最好辣番椒。

尝新饭

薄官何如种薄田，薄收尚可作炊烟。

一家四口尝新饭，昏夜无须去乞怜。

在青田农村传统习俗中，有两种意义上的“尝新饭”：像上述情况的是正常的，在新谷登场时进行的“尝新饭”；另一种开始是非正常的，而后来又演变为正常的“尝新饭”。

前一种无需细述，而后一种意义上的“尝新饭”却另有因由。古时候，在灾年期间或者是特困家庭，常常会出现这样的情况：田里的新谷还未完全成熟，（由于阳光照射时间的不同，每一株，甚至每一串稻穗中的谷子不可能在同一时间里成熟），还不能大片收割（俗称“青黄不接”），而家中却已断粮。于是人们就拿着小箩筐到黄绿相间的稻田里寻找已经成熟的谷子，拣黄的谷子逐株逐颗地掠下，装进小箩筐，拿回家中。杵成米，煮成饭。然后按照前面的程序进行“尝新饭”仪式。

而上述情况下的“尝新饭”则明显是“穷”的表现。为了摆脱这种尴尬，人们找了一个新的“借口”——“七月半尝新”。因为农历七月十五日是中国传统的“鬼节”，是祭念祖先的节日。在双季稻试验成功以前，农村种的都是单季稻，单季稻的收成时间是农历八月。像上述因家中断粮而不得已提前逐株“掠黄谷”现象，一般都在七月。而专门拣七月十五日进行“尝新饭”，既解无米可炊之急，又能以“为了祭祀祖宗”的名义掩盖家庭的贫困窘态。久而久之，“掠黄谷”也成了一种习俗。

青田自古以来，直至20世纪80年代初期，上述两种“尝新饭”形式并存，（甚至在同一个村子里也一样同时存在），由农民自己的具体情况或喜欢而定。

《《杜师预和他的咏尝新饭诗》》

杜师预（1867—1924），字子园，廪膳生，清末优贡、著名诗人。浙江青田北山镇北山村人。曾任黑龙江龙沙道道尹，浙江督军署顾问、国务院咨议等职。与光复会首领徐锡麟交往甚密。徐锡麟因刺杀安徽巡抚恩铭事败被杀，杜师预归隐田园，以耕读诗书自娱。

尝　新

几重山隔万里生，
何必桃源说避秦。
人老一年弥念旧，
秋凉八月始尝新。
隔篱共话多亲故，
尊酒相呼偏比邻。
不速客来惟一笑，
瓜茄豆菜尽山珍。

在青田较为偏僻的山区，还有一种特别的“尝新饭”方式，叫做吃“蒸谷米”。将新谷放在锅里煮过或蒸过，然后再在石臼里捣鼓让稻谷去皮成米，煮过或蒸过的米粒较生米坚硬，不易细碎。杵出来的米粒饱满如珍珠，所煮出来的饭

青田稻鱼共生系统（青田农业局/提供）

更香更好看。相传这种习俗的由来与勾践有关。春秋时期，越王勾践偿还吴王夫差稻谷一万石，全部蒸过。夫差见谷粒饱满，以为良种，下令全国播种，结果颗苗不长，遂在全国闹饥荒，勾践乘机进攻，打败吴国。后来越人以尝新饭吃“蒸谷米”来纪念这次胜利。此俗世代相传，只因该习俗程序上有点麻烦，至20世纪80年代，只有少数偏僻山区才得以保留。

从20世纪80年代中期开始，由于外地的商品米大量涌入，青田的“尝新饭”习俗逐渐消失。而到了本世纪初，青田的“尝新饭”又悄然兴起，而且至今犹有。所不同的是这种“尝新饭”省略了祭祀天地和祖宗的仪式，而是各“农家乐”作为一个旅游项目向外地游客推出，让人们领略千年青田的稻饭鱼羹文化。

青田方山生态米（青田农业局/提供）

竹筒装生态米（青田农业局/提供）

冬季收养田鱼（青田农业局/提供）

❷ 青田田鱼放生习俗

我国自古就有动物放生的习俗。《列子·说符篇》载："正旦放生，示有恩也。""客曰：'民知君之欲放之，竞而捕之，死者众矣。君如欲生之，不若禁民勿捕，捕而放之，恩过不相补矣。'简子曰：'善！'"可见，早在春秋时期，中国即有在特殊日子放生的说法，甚至已出现了专门捕鱼或鸟，以供放生的情况。但持续、广泛的放生习俗的形成，还是在佛教传入中国之后。佛教是一个注重培养慈悲心、主张非暴力的宗教，佛门第一戒即为戒杀，佛经中讲述佛陀及其弟子放生护生的故事极多。尤其是大乘佛教，认为一切众生皆有佛性，强调要普度众生，极力宣扬戒杀食素、放生护生。

然而，青田的动物放生却基本上只限于田鱼放生，这里还有一个民间典故：北宋年间，有个很有钱的人，他在二十八岁的时候，梦见一位神仙告诉他说："你再过十天，就要死了。但是你能够救活一万条生命，可以免死。"那位有钱人说："在这短短的十天内，我怎么能救活一万个生命呢？"神仙说："你们村里不

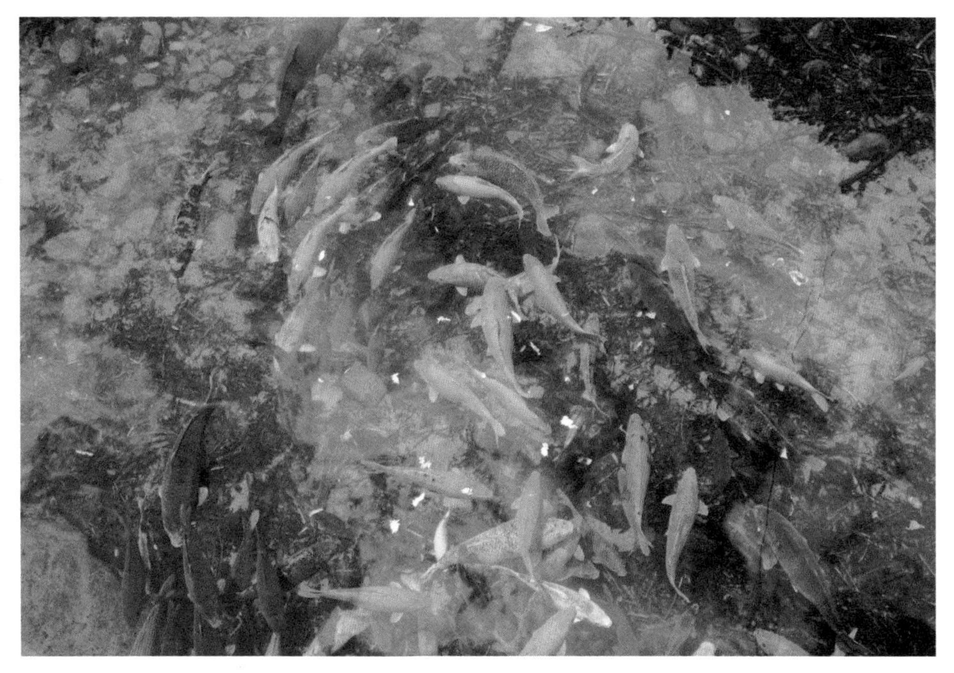

青田县方山乡田鱼（青田农业局/提供）

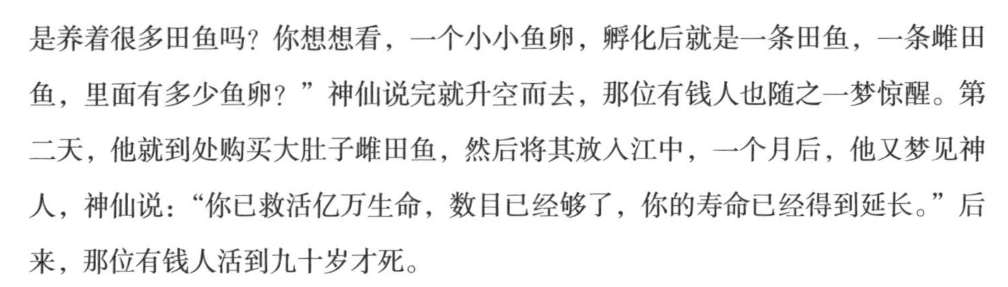

是养着很多田鱼吗？你想想看，一个小小鱼卵，孵化后就是一条田鱼，一条雌田鱼，里面有多少鱼卵？”神仙说完就升空而去，那位有钱人也随之一梦惊醒。第二天，他就到处购买大肚子雌田鱼，然后将其放入江中，一个月后，他又梦见神人，神仙说：“你已救活亿万生命，数目已经够了，你的寿命已经得到延长。”后来，那位有钱人活到九十岁才死。

于是，人们遇到家里人生病或者其他天灾，便把自家田里的田鱼捉起，或者从他人那里购买部分田鱼，放入江河溪流。

田鱼放生的形式很简单，就是选中一个吉日，从别人那里买来已捕捞的活田鱼，放入江河溪流，让其自由。放生田鱼数量的多少，由放生者视自家经济条件而定。唯一规定的是放生田鱼必须放入江河溪流，而不能重新放入田中或鱼塘。

在青田，田鱼放生习俗至今仍十分盛行。

❸ 金谷飘香话田鱼

金谷登场，田鱼上市。餐桌上飘过缕缕鱼香，招来海外侨胞共品尝。一番侨乡青田鱼话，引出悠悠故乡情长。

田鱼是浙江南方鱼种，辞典上不见名，志书上不见字。它近似鲤鱼，又名田鲤鱼。与鲤鱼比较，田鱼肉细嫩，无论新鱼老鱼，盖莫例外；田鱼鳞软可食，烹调时不用去鳞片；此外，田鱼嘴边无须，腰部无筋。

田鱼多姿多彩：红的如火，黑的如炭，青的如蟹，灰的如雾，白的如银，花的如锦。将各色田鱼养于一池，投饵逗引，鱼群夺食盘旋翻滚，斑斓闪光，展现一幅“鱼乐图”，煞是好看。

青田民间称田鱼为“长命鱼”。田鱼与鲤鱼不相上下，寿命能达70岁左右。山口村有个老妪，18岁嫁来时，夫家已养有一条“老鱼头”，到了70岁逝世，那条“老鱼头”仍然健在。今天山口地方，尚有十几条30多岁的“老鱼头”。

青田山口、方山一带农家，屋后有栏养猪，屋边有池养鱼。田鱼待客，十分方便。这些鱼池有活水注入，池与池之间有暗沟相通，状如长藤结瓜。哪家池里

田鱼干制作（青田农业局/提供）

有鱼食，鱼群便相拥而至，食罢各归各池。鱼池主人为防混杂，各自在鱼身上做了“占有标”。因为池小沟狭水浅，4千克重的大鱼游起来，常要匍匐露背，或倒退出入，真可谓“小小池塘养大鱼”。曾见一条大鱼，体大超过暗沟，被暗沟夹住，死于沟中。

这些家养田鱼与人亲近，久之似通人性。用手摸鱼，温顺友善。拍手招呼，闻声即来。鸭游池面，鱼游水中，时常嬉闹打架，鸭啄鱼背，鱼咬鸭脚，逗得鸭子“嘎嘎”讨饶。据山口村石雕专业户倪东方观察，他家饲养的田鱼，能追逐水边老鼠，不愧为猫的助手。

从前，寺庙池塘养田鱼，最大的有10余千克，人们敬为“佛鱼”。老鱼娘死了，特将它埋葬山上。阜山地方的西坑里，分段饲养田鱼，属清真堂寺管辖，无人偷捕。即使有鱼逃出几十里外也会被人送回。人们租鱼产籽，多向“白衣丞相”求签问卜。2004年全县最大的“田鱼王”，要数山口村民周云超的一尾“乌鱼娘”，出租时体重8千克以上，大的连鱼盂也盛不下。

母鱼产籽后，有大量吞吃鱼籽。传说田鱼因为吃子吃孙，被玉帝责罚，不让

其变化成龙，并且永远打入田里，任凭凡人捕食。

田鱼干炒粉干（青田农业局/提供）

田鱼除了食用、欣赏之外，还能入药。《本草纲目》称："其功长于利小便，能消肿胀、黄疸、哮喘、湿热之症"。民间还有将红田鱼用作催痘与催奶的食物。

将田鱼背脊剖开，挖净肚肠，稍干，抹点食盐与油，摊在蔑单上，摆在有水的锅里，文火蒸熟。然后生旺火盆，复上谷糠，置竹单熏烟。熏时不断翻动，防止熏焦。经十多个小时，烘至发红，便成田鱼干了。

田鱼干吃法多样：干吃松口脆香，蒸吃鲜美清香，炒吃兼而有之。用田鱼干和嫩南瓜炒青田细粉干，食之五内沾香留芳。

喜获丰收（汤洪文/摄）

稻黄鱼肥（朱建春/摄）

五

稻 鱼 之 美

（一）优美的自然风光

青田属山地丘陵地貌和亚热带季风气候区，温暖湿润，四季分明。境内溪谷纵横，烟江秀丽，山峦连绵，奇峰挺拔，自然风景资源丰富，人文景观星罗棋布，相映生辉。最为突出的是“一江二石”。一江，指贯穿青田全境的瓯江；二石，指省级著名风景名胜区石门洞和历史悠久、闻名中外的青田石雕。

瓯江水碧似蓝，两岸风景如画，从古到今，潮来波涌，游人如织。传说我们的祖先轩辕曾驾舟从缙云来到青田，忘情地翻阅大自然的杰作石门瀑布，至今轩辕遗迹犹在。光武帝、宋高宗也曾在瓯江浪里飞舟。历代名宦豪客，如谢灵运、李白、王安石、秦观、沈括、文天祥、王十朋、陆游、高明、张孚敬、汤显祖、袁枚、阮元、朱彝尊、郭沫若等人，面对滔滔江水，或高歌“浪淘尽千古风流人物”，或赞美一篙绿水，两岸青山……瓯江，是连接中华历史的通道，青田山川的骄傲。

石门洞是洞天福地，世外桃源，明代国师刘基少年时代曾在此读书研学。它以其无穷的魅力，吸引着历代无数文人名士，写下许多动人的赞美诗文。一千多年前，南朝山水诗人谢灵运便将石门洞誉为“东南第一胜”。

青田之享有盛名，更因它创造了灿烂的石雕文化。很早以前，青田就有女娲补天遗石下凡变成石雕石的传说。近年来，青田石雕文化产业的强劲增长不仅有力推动了青田经济的飞速发展，而且也带动了浙江文化大省的快速建设。随着青田石雕的多元化发展，逐渐形成了享誉海内外的地域文化，获得了各种荣誉：2001年，成功入围中国四大名石评选；2002年，荣获国家颁发的原产地保护证明商标；2006年，荣获首批国家级非物质文化遗产名录、“十大地理标志区域品牌”殊荣，同年，被列入浙江省“四个一批”重点文化产业。

❶ 石门洞——“积银潭”里田鱼多

石门洞位于浙江青田县城西北30千米的瓯江北岸。临江旗、鼓两峰劈立，对峙如门，故称“石门”。石门洞1963年定为省级重点文物保护单位，1985年批准为省级风景名胜区，1991年列为省级森林公园，2010年被评为国家AAAA级旅游景区。

整个景区由洞天飞瀑、太子胜景、仙桃、师姑湖四个景区组成，集山林苍翠之优、文物荟萃之胜、飞瀑壮观之美、气候宜人之适，是一处具有清、幽、灵、古、奇、险、野、趣之特色的“洞天仙境”。传说这里曾经是明朝国师刘伯温长期修学、修身、修养、修炼、休整的重要场所。

石门洞积银潭（丽水旅游资讯网/提供）

在唐代，石门洞成为中国道教名山的三十六洞天之第十二洞天，这里有历史悠久、高密度分布的摩崖题刻；有谢灵运、刘基、陈诚等人留下的众多典故、传说和遗迹；有纯朴山村、深幽古寺、高远道观等古老文化沉积；更有令人叹为观止的飞瀑群，层层叠叠的起伏山峦，弯弯曲曲的瓯江及支流秀水，宽广茂盛的森

石门洞飞瀑（青田旅游局/提供）

林植被，江南罕见的高山草甸，以及变化多样的山地气候，奇险幽深的峰崖洞壑，丰富的野生动植物资源。在景区最主要景点石门飞瀑下的“积银潭”里养着大群斑斓多姿的田鱼，最重的达5千克。

石门洞天（青田旅游局/提供）

❷ 稻鱼共生博物园——方山

方山乡位于浙江省青田县南部，距县城16.5千米，是著名的“田鲤之乡”“小康之乡”“旅游之乡”“省级生态示范乡”。方山养殖田鱼历史悠久，2005年6月，方山乡龙现村被列入全球重要农业文化遗产——稻鱼共生系统重点保护区。

方山乡境内房舍依山而建，梯田循坡而辟，山林茂盛，水源充沛。2014年，全乡养殖田鱼稻田面积4 150亩，村头村尾，屋前屋后，每一块稻田里，每一条水沟里都养着五彩缤纷的田鱼，尤为游人称赏。由于独特的地理气候环境，生产的田鱼独具特色，其肉嫩味美鳞片柔软可食，烘制成鱼干，色、香、味俱全。

稻鱼共生博物园布局为“三区二点一带”。

三区：稻鱼共生文化广场区、稻鱼共生博览体验区、稻鱼共生系统保护区。

二点：奎岩庄鱼种场、周岙生态休闲观光。

一带：连接三区、二点的景观廊线，主要是稻鱼共生文化走廊。

稻鱼共生博物园奠基（朱品成/摄）

稻鱼共生博物园入口（焦雯珺/摄）

❸ 如诗如画的小舟山梯田

小舟山位于浙江省青田县东北部，与温州的桥头镇交界，距青田县城30千米，全乡地域面积34平方千米，境内村落分布在海拔274~898米的山坡上。这里空气清新、风景如画，素有“田鱼之乡”“摄影之乡”“生态之乡”的美誉。2013年，小舟山梯田列为中国美丽田园梯田景观。

“田鱼之乡”小舟山，稻田养鱼历史悠久，有文字记载已逾1 200年。1985年，农业部在小舟山召开现场会，推广“稻田养鱼”经验，时任浙江省农业厅厅长孙万鹏给予高度赞扬：“大海养鱼大舟山，稻田养鱼小舟山。”2000年10月，全国人大常委会副委员长费孝通先生欣然为小舟山题名“中国田鱼村”。

“摄影之乡”小舟山，风光秀丽，景色宜人，有500多级梯田依山而筑，层峦叠嶂，是浙南保留最好的梯田之一。2009年，小舟山乡被丽水市摄影家协会

小舟山稻鱼示范基地（青田农业局/提供）

命名为“摄影之乡”。小舟山梯田一年四季有着“春如道道金链、夏滚层层绿波、秋叠座座金山、冬锁条条苍龙”的美景。小舟山境内的百合谷，亚热带植被郁郁葱葱，山涧幽深，溪水潺潺，坐落着11级瀑布群，形态各异。此外还有观音洞、岩龙岗、七星墩、大尖山等景点，是摄影爱好者、乡村休闲旅游的好去处。

“生态之乡”小舟山，空气清新，水质清澈。2014年，全乡有林地面积30 125亩，森林覆盖率达77.3%，小舟山是镶嵌在青田境内的“绿心”和天然的氧吧，是温州美丽的后花园。这里没有工业，没有污染，一切保持自然的生态环境。这里的农业保持着原始的耕种方式，田里施的是有机肥，种的是不洒农药的稻谷和蔬菜。目前已建成千亩绿色稻田养鱼示范基地和五百亩有机稻米基地。

小舟山梯田（杨国文/摄）

小舟山（杨国文/摄）

④ 龙现十八潭

龙现村入口处两山相峙而立，潭水奔腾而下，有“天门中断楚江开”之意、“一夫当关，万夫莫开”之势。从水口下行，依次是藏鱼潭、畚斗潭、高潦潭……共有18个潭，故称龙现十八潭。雨后观瀑，犹如白练垂空、珠飞玉泻，似雾似岚，蔚为壮观。

龙现小瀑布（汤洪文/摄）

《龙现十八潭》

从前，天上有条青龙和白龙因贪恋人间美色而私自下凡，分别盘踞在方山奇云山顶奇云峰的“龙潭湖”和村前的“水口宫”中。青龙生性狠毒、贪婪，常出来骚扰当地百姓；而白龙则心地善良、爱民，深受百姓的爱戴。“水口宫”因此香火旺盛，引来四周百姓朝拜。

青龙看到白龙深受百姓的供拜，而自己深居高山无人理睬，心中非常妒忌，便想占有白龙的“水口宫”为已有。

有一天，青龙得知白龙身怀六甲，心里暗喜，觉得时机成熟，便 趁黑夜下山偷袭白龙。这一下可苦了当地的百姓，霎时间，龙现村一片人啼牛叫，青龙腾飞之处不是房屋倒塌，就是牲畜死伤。这一切让白龙看在眼里，气在心中，知道这是黑龙想占有她的“水口宫”。

为了保护当地百姓利益，白龙不顾安危，立即奋起与青龙决斗。二龙斗了九九八十一个回合，分不出胜败。长时间的持续争斗，白龙体力逐渐不支，震动了身上的胎气，满身血污，不幸流产，从她的身上掉下了十九个龙蛋。其中十八个掉入龙源溪中，轰成了十八个水潭。蛋破龙现，跳出了十八条小白龙。还有一个龙蛋被村前的二株大松树搁一下，掉到溪边山上，变成了一块圆溜溜的大石头，至今仍在龙源桥头的公路旁，村人称它为“龙蛋”。从此，方山人就称龙源坑下游的水潭为“龙现十八潭”，称所在的村为“龙现村”

搜集整理　李青葆

5 五彩锦鳞映千丝

千丝岩位于县城东南14公里的山口镇，这里岩层重叠成级，水流自上倾注而下，分流成丝。旁有沙孟海题书崖刻“千丝岩”三字，有千层糕岩、凝瀑、天门岭、观音听瀑、阴阳床、将军岩、青蛙洞等自然景观。崖壁上用花岗岩雕刻而成的十八罗汉像高大雄伟，赵朴初为之题写了“罗汉壁”三字。

千丝岩集山口石文化公园于一身，景区内池塘十多处，所有池塘内都养着田鱼。阳光下，五彩缤纷的田鱼在清池中游弋嬉戏，不但为景区增添上一道亮丽风景，同时也为游客提供品尝青田田鱼的方便。

上善若水之千丝垂瀑（青田旅游局/提供）

千丝岩（青田旅游局/提供）

❻ 千峡湖

千峡湖（原滩坑水库）湖面面积70多平方千米，是浙江省第二大人工湖，库区横跨景宁、青田两县，距青田县县城32千米。滩坑高峡平湖，群山起伏。山含水，水偎山，山中林茂崖奇，水内湖港纵横。壮观里不失幽趣，秀丽中包涵诡谲。在这个千沟万壑的雄关里，有着东晋山水诗鼻祖谢灵运遇仙的有趣传说。谢灵运郎回峡遇仙虽然只是一个文人故事，却为千峡湖平添了几分人文秀色。

《《谢灵运郎回峡遇仙》》

东晋年间，谢灵运受命任永嘉太守（当时的永嘉郡包括今青田、丽水等县）。公元423年夏秋之交的一天，永嘉太守谢灵运沿小溪从景宁往回走，来到北山镇

郎回村，见这里波清水碧，景色秀美。他诗兴大发，正想吟上几句，忽见前面垂柳下，有两位红衣姑娘在水边浣纱，轻轻的笑语顺风传来。谢灵运舍舟登岸，向两位姑娘走去。两位姑娘忽然见一个陌生人走到身边，立即收起笑语，低头不作声。谢灵运心想，我何不来个投石问路，试试两位姑娘的才气，于是就清了清喉咙，随口赋诗戏之："浣纱谁氏女，香汗湿新雨，对人默无言，何自甘辛苦？"两位姑娘听了，并不作答，只是抬起头来对谢灵运淡淡一笑。提起竹篮，顺溪岸跑了。谢灵运跟着沿溪而下，来到一个深水潭边，见两个姑娘放下竹篮，双双俯身浣纱，于是谢灵运又走到两位姑娘身旁，扬声吟道："我是谢康乐，一箭射双鹤。试问浣纱女，箭从何处落？"吟罢，只听见两位姑娘"嗤嗤"一笑，随即异口同声回吟道："我本潭中鲫，偶出滩头嬉；嬉罢自还潭，水深无处觅。"吟毕便跃入潭中不见踪影。原来这两位浣纱女子是美人鱼，是鱼仙。后人将谢灵运遇仙的地方叫作"大郎回"，峡谷就叫"郎回峡"。

千峡湖（青田旅游局/提供）

千峡湖（青田旅游局/提供）

❼ 九门寨

九门寨，集宗教、红色、山水旅游为一体的综合性景区，位于青田县高湖镇境内，交通便捷，距中国青田石雕文化旅游区约18公里，有“青田九寨沟”之称，属长带状的谷地型景区，景区因朝圣门、天鹅门、石佛门等九门而得名。景区内山体直立，步行其间，如进重重山门。

这里的山转水转，自古有三十六渡水、七十二道弯之说，道道山弯两侧苍松迎客、奇峰林立、壁石如画；渡渡溪水清澈秀丽，溪流潺潺，水花如玉；两侧群山银雾迷漫，山水像银河倒泄，风情万种，游人尤如置身于一幅淡淡的水彩画之中。

当地流传有象龟亲吻、恐龙求法、蓬莱盆景等众多神话故事。尤其是“九门”的神话，耐人寻味。相传天鹅受王母娘娘之命下凡间寻找胜景，最终选中九门寨，但爱恋此地不复返天府。王母为了惩罚她，就在此设九道法门，于是有了九门寨。

九门寨（青田旅游局/提供）

（二）独具特色的建筑

独具特色的建筑样式与风格是当地特定的气候、地理条件和农耕文化的反映，为遗产地增添了丰富的文化内涵和无穷魅力。祠堂、古民居石垒房、古桥、古亭、古庙等诸多建筑，都有较高的文化价值，体现了农业文化遗产地的建筑文化和传统风貌。

❶ 宗祠

宗祠在建筑、宗族与家族发展、民间社会秩序组织管理、民间信仰方面占有重要地位。2002年，方山乡有龙现吴姓、邵山杨姓、邵姓等祠堂21座。

陈氏宗祠（青田旅游局/提供）

❷ 传统民居

传统住宅是农业文化遗产的重要组成部分，也是传统文化的重要载体。有重要的建筑研究价值。核心保护区龙现村特色传统民居石垒房，古色古香，富有野趣。2004年，龙现村尚有木结构房屋约46座，其中保存较为完整、可以进行修葺的约有27座，现在仍然有人居住的约有10座。

周氏宗祠（青田旅游局/提供）

③ 延陵旧家

龙现华侨历史悠久，龙现村的吴乾奎是青田最早的华侨之一，最早把青田石雕销往欧洲。光绪三十一年在比利时赛会和罗马赛会，分别获得银牌、上等奖。这是青田石雕第一次获国际大奖。1930年，吴乾奎回国在龙现村建起了一幢五间二厢三层“中西合璧”的住宅，称“延陵旧家”，建造房子的砖头、水泥等原材料都是从美国运回来的，至今老宅还完好的保存着。

延陵旧家（吴焕章/摄）

石屋印象（青田旅游局/提供）

裕堂别墅（青田旅游局/提供）

龙现农家乐（吴敏芳/摄）

❹ 古道与路亭

古道是历代人为了改善交通状况而修建，表现和记录了劳动人民的勤劳和开拓进取的精神。古道多为石板路和石头路。路亭则是为了便于路人歇憩避雨而建造。方山乡现有路亭36个，大多是20世纪前后建造。

玉带古韵（青田旅游局/提供）

问鱼亭（青田农业局/提供）

中国田鱼村（吴敏芳/摄）

屋檐上田鱼（青田农业局/提供）

❺ 古桥梁

为方便河流两岸交往，遗产地各村大都建有石板桥。方山乡最早是韶山人于清朝嘉庆年间用花岗岩块石建的高悬桥。各种桥梁建筑材料和图案不同，构成了一道景观，展现和记录了当地人民的勤劳和生活景观。

廊桥（青田旅游局/提供）

❻ 其他

遗产地的其他古建筑包括阁、墓、戏台等，这些古建筑也是农业文化遗产景观和文化保护的物质载体和保护内容。据不完全统计，有110余座各种墓葬建筑。

龙现村口田鱼石碑（青田农业局/提供）

六

稻鱼之路

（一）示范价值

稻鱼共生系统是一种拥有2 000多年悠久历史的传统重要农业生产方式，这种生产方式在世界上许多国家都有着广泛的实践，特别是在亚洲。这种系统模式的推广有着巨大的潜力，尤其是在减少农业中的持久性有机污染物的使用上。这种

丰收乐章（李开文/摄）

模式具有维持碳循环和养分循环的生态功能，而且有助于保持水稻、鱼类和其他相关的生物物种。这种农业生产模式不仅能为人类提供植物蛋白，而且可以提供动物蛋白，有益于人体的营养平衡，对于欠发达地区来讲具有重要价值。另外，系统的农业生物多样性和文化多样性有利于区域可持续发展和食物安全。

稻鱼共生系统是一个水稻和田鱼互相依赖、互相促进的生态系统，水稻为田鱼提供庇荫和有机食物，而鱼类则耘田除草、松土增肥、提供氧气、吞食害虫、减少病虫害，形成一个绿色的营养循环体系，发挥粮鱼双丰收的效果。绿肥是维持地力的关键因素。冬天种植豆科绿肥植物，平时利用林木枝叶压青，像枫杨、

乌桕、苦楝的叶子，不仅起到肥田作用，而且还有杀虫的效果，可减少化肥和农药的使用。利用生石灰为稻田和鱼体进行灭菌也是一个重要措施。过去鱼苗放养后，随其自然生长；现在为了增产才开始投食，例如投饲米糠和麦麸。一般0.25千克左右的鱼味道最佳。这种种养方式过去在南方各地也十分普遍，都因广泛利用化肥和农药，造成水体污染，无法继续存在而消失。目前，只在浙江、海南、江苏和贵州的局部地区仍有小面积存在。青田龙现村之所以能够较好地坚持下来，一方面，这里历史悠久，形成传统习惯，当地村民喜欢这种经营方式，女儿

诗画小舟山（潘志强/摄）

出嫁都要以田鱼作为嫁妆，象征热爱劳动和致富；另一方面，村里有800多人侨居世界20多个国家和地区，村民依靠外汇就能满足生活要求，不靠农耕为生，农业现代化对他们的冲击不大，因而传统的种养方式未被抛弃。

（1）为稻鱼共生系统提供宝贵经验与技术支持　稻鱼共生系统是一种传统的农业生产方式，具有很多优点，如增产、增收、节支以及改善农民生活等。因此，在适合发展稻鱼共生系统的地区，可以进行推广。目前，包括中国东北的黑龙江和西北的新疆等20多个省区都有稻鱼共生系统，但2002年以后面积有所下

降。浙江青田稻鱼共生系统保护的经验，无疑对于全国各地的稻鱼共生系统具有重要示范价值。

（2）为农业文化遗产保护提供案例　联合国粮农组织在世界范围内选出首批全球重要农业文化遗产，目的是在这些具有典型性的农业文化遗产地进行保护示范，从而为未来农业文化遗产认定、保护与发展提供实证案例。稻鱼共生系统为首批试点之一，其示范意义是显而易见的。

（3）为国际可持续农业的发展提供示范　稻鱼共生系统是传统生态农业的典型范例，具备发展有机农业的基础，对于可持续农业发展具有重要意义。中国作为一个农业古国和农业大国，通过稻鱼共生系统的保护和发展，将会为世界同类地区稻田养鱼的发展提供经验和借鉴，促进国际可持续农业的发展。

GIAHS与China-NIAHS标识牌

GIAHS与China-NIAHS标识石碑（吴敏芳／摄）

（二）面临危机

随着当前社会经济的快速发展，青田稻鱼共生系统保护与可持续发展面临诸多挑战和问题。

❶ 生产技术粗放

传统的稻鱼生产方式建立在丰富的实践经验基础上，但由于缺乏基础理论的指导，生产技术较为粗放：

水体小，鱼类栖息环境差。传统的稻田养鱼方式离不开鱼沟和鱼坑，采取“平板式”养鱼。由于水体小、总溶氧量、浮游生物量下降、夏季田水温度高、鱼类遇敌害时栖避困难等一系列问题，限制了稻田养鱼的密度、回捕率和产量。

鱼种规格小、放养密度低。传统养殖方式主要放养小规格鱼种，有的还直接放养鱼苗，造成鱼生长慢，成活率低。稻田养鱼种的每亩放养夏花700~1 500尾；养食用鱼的，每亩放养当年夏花100~150尾，放养春片鱼种50~80尾。

饵料不足。传统稻田养鱼不投人工饵料，但稻田天然饵料数量有限，尤其在山区，溪水冷瘦，浮游生物量更低。田间杂草的量也随鱼体生长而下降，在水稻生长后期，杂草量不能满足鱼生长的需要。

迟放早捕，养殖时间短。一般在插秧一周后放养，收稻时起捕，稻鱼共生期很短。单季中稻地区90天左右，双季稻地区160~180天，而中国南方稻田每年宜渔时间有240~330天。

❷ 生产规模小、比较效益低

传统稻田养鱼产量较低，青田县1985年平均单产114千克/公顷，到2004年为

300千克/公顷，而完全采用传统方式养殖的田块产量一直保持在150千克/公顷以下。加之农民稻田养鱼面积小且零星分布，如方山龙现村多数农户仅有几分田，即使全部出售，收益也十分有限。而相对于稻田养鱼，经商或出国有更高的收入。改革开放以来，农村劳动力机会成本不断提高。过去10年，东南沿海地区的劳动力机会成本提高了1~1.5倍。农村大量劳动力转移，如方山、仁庄等乡镇出国人口占50%左右，而且多为青壮年。农村劳动力的不足带来了农业的粗放经营倾向，单作水稻劳动力投入由300~375工/公顷，降低到105~225工/公顷。而稻田养鱼在减少用工方面效益不明显。同时，由于缺乏深加工技术，稻米和田鱼未能实现深加工，经济附加值不高，这在一定程度上挫伤了农民采用这种模式进行生产的积极性。

❸ 现代化、产业化冲击

20世纪60年代起，为提高水稻产量，稻田开始施用化肥、农药，且施用量逐年增加，一定程度上破坏了稻鱼的和谐共生，加大了稻鱼矛盾。同时，由于农业上农药、化肥的使用，造成小流域和下游地区的面源污染也不可忽视。

传统的稻田养鱼不喂饵料，或不吃人工饲料，只喂少量的麦麸、米糠等粗粮；采用当地传统田鱼品种，口味好，品质优，色彩鲜艳，但产量低。而在利益驱动下，某些养殖、加工大户为提高产量，外购高产鱼种，用配合饲料加以精养，每公顷产量可提高到3 000~4 500千克，但品质不如当地纯正田鱼。如何在保持品种纯正的前提下，运用现代育种技术和养殖技术提高养鱼效益，已是当务之急。

❹ 特色品种资源流失

优良的稻、鱼品种是青田稻鱼共生系统的一大特色。近年来，随着现代农业技术的发展，农民为了追求经济效益，化肥、农药以及人工添加饲料的使用逐步增多，许多高产的杂交稻逐步替代地方水稻品种，当地田鱼品种也被一些外来鱼种所代替，结果使许多地方水稻品种消失，一些田鱼品种日益发生退化。

❺ 传统技术革新难

青田县稻鱼共生系统虽然有其内在的合理性和优越性，但随着生态环境和社会经济条件的变化，其配套的生产技术必须进行革新，只有如此才能适应新的发展形势。这些需要革新的技术包括稻鱼共生系统结构优化技术、化肥农药替代使用技术、水肥优化管理技术、病虫害的生态控制技术等。

❻ 旅游业发展带来的生态环境破坏

近年来，由于青田稻鱼系统入选全球重要农业文化遗产，其知名度越来越高。在龙现村等地，许多旅游项目逐渐发展起来。如在河流上游建立餐馆，在河流上围坝开展游泳活动等。乱扔垃圾、乱建房屋的问题逐渐增多。结果必然会带来生态环境问题。随着旅游人数日益增多，环境超载和环境污染问题将日益突出。

❼ 传统农业文化流失

受现代生产方式和生活方式以及旅游业发展的影响，当地传统文化受到多方面的冲击。例如，传统种植模式的消失，大量劳动力外出就业，留守村民不

丰收在望（汤洪文/摄）

依赖其增加收入，导致稻田养鱼面积逐渐减少，甚至出现“只种稻不养鱼”或“只养鱼不种稻”的局面；传统的农用锄草、杀虫工具闲置不用，多采用施用化肥、农药等更简单易行的方法；当地庙宇祠堂等古建筑空置废弃，不加修缮等；当地象征鱼文化的龙舟、百鸟灯、青田词鼓等民间文艺活动正悄悄退出历史舞台。

收获田鱼（陈焕章/摄）

（三）保护与发展途径

1 主要做法

（1）坚持政府主导、多方参与的原则　全球重要农业文化遗产（GIAHS）保护以政府为主导、农民为主体，引导社会各界人士广泛参与的保护机制，努力为遗产保护形成强大的合力和良好的氛围。

政府主导。县委、县政府高度重视稻鱼共生农业文化遗产保护工作。县政府成立了稻鱼共生系统保护领导小组，由主管副县长担任组长，各有关单位负责人为成员，下设办公室，归口县农业局，统筹协调保护工作。县编委专门在县农业局下设立管理机构“县稻鱼共生产业发展中心”（与县农作物管理站合署），具体负责稻鱼共生保护发展工作。

农民主体。传统稻鱼共生系统，农民是受益主体，又是最基础、最直接、最重要的实施者。青田农民尤其是龙现农民对GIAHS稻鱼共生系统保护的积极性事关保护的成败。突出农民主体地位，增加农民收入，全面落实种粮综合直补、生态补贴等惠农政策，出台政策支持遗产地农民搞好生产基础设施建设，加强稻鱼共生实用技术培训，帮助打造农业公共品牌（GIAHS、青田田鱼地理标志证明商标、绿色有机食品认证等），确保广大当地农民在遗产保护中得到实惠，最大限度地调动

生态米（青田农业局/提供）

研讨会（青田农业局/提供）

了农民参与保护的积极性。

多方参与。稻鱼共生农业文化遗产保护是一项系统工程，涉及面广，需要社会各界人士的共同关心、支持和参与。通过多种形式、多种渠道，千方百计吸引社会各界人士参与，共同做好遗产保护工作。精心举办稻鱼共生农业文化遗产保护的有关仪式、论坛、研讨会、田鱼节等系列主题活动，邀请联合国粮农组织官员、国内外专家学者、各级政府和有关部门领导共同参与，探讨和宣传稻鱼共生系统保护与开发工作。加强稻鱼共生农业文化遗产保护的宣传教育。在龙现重点保护区，培育了一批农业文化遗产保护与开发利用方面的典型示范户，起到了很好的示范带头作用；在方山乡中学建立了农业文化遗产宣传教育展示馆，收集展示大量传统农耕工具、传统稻鱼共生种养技艺等，并开展农业文化遗产知识教育。

（2）坚持整体联动、突出重点的原则　始终坚持系统的、动态的、整体的保护原则，突出做好稻鱼共生相关的生物多样性、传统农业耕作方式、传统农业文化和农业景观等方面保护工作。

一是保护稻鱼共生传统耕作方式。稻鱼共生不仅是一项农业文化遗产，也是一种高效生态的农业生产模式。在保护区实施稻鱼共生传统种养模式，建立青田田鱼原种场和推进传统繁育技术，并在其他地方实施稻鱼共生“千斤稻、百斤鱼、万元钱”工程，开展粮食生产功能区、稻鱼共生精品园和省级生态循环示范区建设工作，提升稻鱼共生产业。

国内外专家与农民座谈
（青田农业局/提供）

成立合作社（青田农业局/提供）

二是保护稻鱼共生传统文化。悠久的稻鱼共生历史，孕育了灿烂的稻鱼文化。通过各种节日文化主题活动，如鱼灯表演、田鱼文化节、田鱼烹饪大赛等，进一步弘扬了传统稻鱼文化。弘扬青田鱼灯（列入国家非物质遗产）、尝新饭、祭祖祭神、田鱼干送礼、鱼种做嫁妆等民间习俗。出版了《青田传统稻鱼共生技术》、《稻鱼共生文化》，创作以田鱼为主题的青田石雕作品。

小舟山稻鱼基地（青田农业局/提供）

三是保护生态环境。龙现稻鱼共生系统是一个天然的生态循环系统。保护村庄森林植被、稻田生态环境，突出核心保护区原生态和生物多样性的保护，保

护区内道路和田间操作道的修复要注意原有生态保护，加强村庄环境整治和保洁工作，打造良好的生产生活环境。利用稻鱼共生博物园建设，减轻旅游带来的压力，严禁利用农业文化遗产名义进行无序开发和过度开发。

青田仁庄镇稻鱼示范基地（青田农业局/提供）

休闲观光农业（青田农业局/提供）

（3）坚持科学保护、狠抓落实的原则　青田稻鱼共生系统是首批全球重要农业文化遗产保护项目之一。始终坚持科学保护的原则，依靠规划驱动、政策促动、学术推动、典型带动，全面推进稻鱼共生农业文化遗产保护的各项工作。

青田稻鱼共生系统保护规划（焦雯珺/摄）

一是规划驱动。由中科院地理资源所和浙江大学编制完成了《青田稻鱼共生系统保护规划》，将方山乡龙现村划定为重点保护区。由丽水学院编制了《稻鱼共生博物园建设总体规划》，规划面积5平方千米，集稻鱼共生系统保护、农业文化遗产展示、农耕文化体验观光为一体。

二是政策促动。出台了《青田稻鱼共生系统保护暂行办法》，明确了保护工作方针、内容、措施、责任主体、经费保障、奖惩机制等。修订完善了《青田田鱼地方标准》，制定了《青田田鱼地理标志证明商标管理办法》，做到依法有序保护稻鱼共生系统。利用省市县农业项目政策加大对保护项目财政投入，截至2014年底财政共投3100万元，用于规划编制、基础设施、主题活动、产业发展等方面。

三是学术推动。青田县与中科院地理资源所、国际亚细亚民俗学会、中国农业博物馆、浙江大学联合成立了青田稻鱼共生农业文化遗产研究中心。青田稻鱼共生产业发展中心与中科院、浙江大学已经连续多年在青田开展农业文化遗产保护的多方参与机制、生态旅游发展、稻鱼系统生态作用机制、稻鱼共生关键技术、再生稻鱼共生等课题研究，至今已发表百余篇研究报告和学术论文，为青田稻鱼共生系统的保护提供了有力的理论支撑。

研究中心成立（青田农业局/提供）

金岳品荣获亚太地区“模范农民”称号（吴敏芳/摄）

四是典型带动。几年来，坚持抓好方山乡龙现村重点保护区建设，根据受威胁的传统农业文化与技术遗产的保护要求划定保护重点，推进遗产保护工作，在保护区培育了一批农业文化遗产保护与开发利用方面的典型示范户。方山乡农民伍丽贞曾应邀在国际会议上介绍经验，金岳品于2014年获得“亚太地区模范农民”称号。

（4）坚持以民为本、注重实效的原则　始终把以民为本作为遗产保护的出发点和落脚点，努力追求遗产保护的经济效益、社会效益和生态效益，让广大农民得到实惠。

一是注重经济效益。借助“全球重要农业文化遗产”金字招牌，大力推进稻鱼共生产业发展，尤其是做好稻鱼共生品牌创建，大大提高了农产品的知名度和市场价格。在龙现每千克田鱼卖到了100元，比之前翻了二番；田鱼、田鱼干在本地及周边市场供不应求。同时推动以龙现为核心的方山乡休闲观光业

有机米（青田农业局/提供）

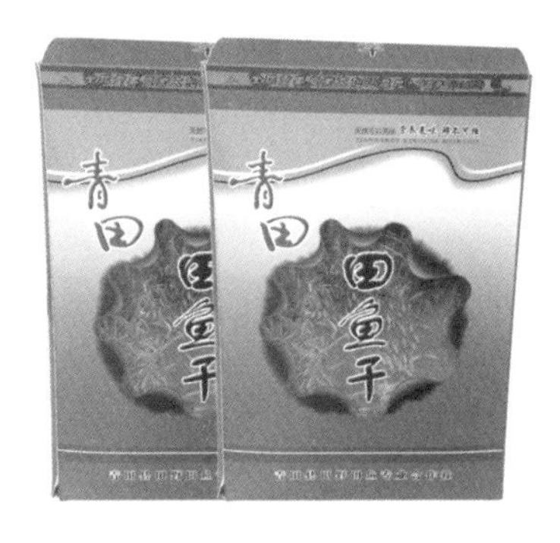

田鱼干（青田农业局/提供）

农博会展示（青田农业局/提供）

发展，“识遗产、品田鱼”成为当地特色旅游品牌，每年温州、丽水等地上万游客慕名而来。当地农民群众通过销售田鱼、田鱼干、农家乐餐饮服务等获得了巨大收益，不少农民因此收入倍增。

二是注重社会效益。稻鱼共生农业文化遗产名扬天下，慕名前来参观、考察者络绎不绝，中央电视台1套、2套、4套、7套，英国BBC台、香港有线电视台、人民日报海外版、CHINA DAILY、香港明报、光明日报、农民日报、科技日报等知名媒体都曾报道过青田稻鱼共生系统。同时制作了稻鱼共生DVD宣传片，出版了多部稻鱼共生书籍，印发了稻鱼共生知识的台历、挂历，使稻鱼共生家喻户晓、众人皆知。

三是注重生态效益。以龙现村为核心的稻鱼共生系统相关的生物多样性、传统农业耕作方式、生态环境、自然景观得到了良好保护，人居环境得到了较好改善，实现了可持续发展目标，龙现村先后被命名为浙江省新农村示范村、特色乡村旅游示范村、市级文明村等。

❷ 保护与发展思路

（1）加快做好稻鱼生态农业和生态村建设规划并付诸实施　在如何保护和发展稻鱼共生农业系统时，人们普遍认为应着眼于当地生态环境条件，从整体上规划稻鱼共生系统传统种养保护区、稻鱼共生实验区、稻鱼苗种繁育区、现代高产模式示范推广区等。在保留稻鱼传统模式、保护生态环境、传承农业文化的基础上谈发展，始终以把龙现村建设成为以生态村为载体的新农村为目标。重点突出特色优势，依托现有的资源，打造华侨风情区、田鱼文化区、旅游休闲区，将各种传统农业文化融入到各功能区建设中，以呈现当地特色的农村文化风貌。

（2）加大农业文化遗产与生态保护宣传教育力度　一方面，邀请专家学者、科研人员进行各种形式的宣传培训，将农业文化遗产理念和保护稻鱼共生系统的迫切性灌输给农民，让农民的观念更新，深刻认识农业文化遗产的内涵。另一方面，通过建立青少年科普基地、教学科研基地、休闲示范基地，吸引更多的人来参观考察，欢迎更多科研者到此进行科学研究，在保护文化遗产的同时，扩大宣传效果。

GIAHS授牌（青田农业局/提供）

（3）加大科学研究与技术革新力度　将青田县作为稻鱼共生系统研究基地，吸引国内外专家学者前来开展基础性的科研工作；在现代高产模式实验区进行传统农业技术革新，在保护和传承传统农业生产模式的同时致力开发高产高效的稻鱼生产系统，以便更好地为现代农业生产服务。

（4）建立稻鱼品种自然保护区　在现代经济驱使下，少数村民只注重眼前利益，大量引进杂交稻、外来鱼品种，使得地方品种出现消失或退化等方面的问题。在龙现村选择适宜地点，建立若干个稻鱼品种保护区，加强对一些优质地方品种的保护。同时加强全村植被保护和景观生态保护。

（5）适度发展乡村生态旅游，保护农业文化遗产　生态旅游，重点在“生态”，立足于不破坏或尽量减少生态环境危害的前提下，借助旅游业的收入间接补偿农民的收益。开发生态旅游，发展观光农业是创经济收益、扩大知名度，走可持续发展道路的必然趋势。首先，合理开发旅游业对推动农民有意识地保护稻鱼系统与增加经济收入是有利的；其次，通过旅游吸引外资，用

GIAHS项目正式启动（青田农业局/提供）

于项目区的生态建设；再者，旅游业的兴盛有利于传统农业文化的保存。但是，在开发旅游的过程中，切忌一窝蜂式的盲目开发，必须有组织、有规划地进行。重点开发一些无污染的旅游项目，如举办稻作古农具展览、现场表演稻田农事活动、恢复采茶灯等民俗表演、开发“农家生活一日游”项目、结合当地的石雕艺术开展稻鱼文化展览、华侨文化历史展示等。这样，在获得旅游经济收入的同时也保护和弘扬了当地的传统农业文化，可谓一举多得。

（6）打造稻鱼生产品牌，提高农业效益　走农产品品牌战略是实现农民创收的又一策略，发展农产品加工业是提升产业化经营水平的重要措施。随着青田县全球重要文化遗产保护项目的实施，更多人会不断了解青田的稻鱼共生系统。因此，借助“全球农业文化遗产”系列宣传活动打开市场，树立品牌形象。同时，加大稻鱼共生系统的产品开发，如将稻米、田鱼进行深加工，制成特色大米、鱼干、鱼罐头等，努力打造青田稻鱼产品、无公害食品、有机食品等品牌，推进农产品的市场化进程。

GIAHS项目中期评估（青田农业局/提供）

（7）建立多方参与的长效机制 农民作为保护农业文化遗产的主体和利益的受体，其参与积极性需要充分调动起来。成立社区“稻鱼共生系统”保护协会或技术协会，由村民们自愿组成，以村民为主体，同时吸纳政府、企业家、科研人员的参与，负责全村稻鱼共生系统的保护、监督、管理、咨询、宣传与技术培训，以及农产品市场营销；同时，积极探索各种经营管理模式，如“公司+农户”、产学研一体化模式等，建立由农民、政府、企业、高校、科研院所等组成的多方参与机制。

（8）建立多元化资金补偿机制，加强可持续发展能力 农业文化遗产保护是一项公益性事业，需要全社会的支持。因此，应广开资金渠道，加大政府资金补偿、政策补偿力度，吸纳社会资本和民间资本，建立多方资金投入机制。同时，要加大对龙现村的基础设施和全方位的社会化服务体系建设力度，以增强遗产地自然、社会与经济的可持续发展能力。

国际农业文化遗产专家考察龙现（青田农业局/提供）

附录

附录1 旅游资讯

（一）交通条件

1. 温州龙湾国际机场——青田县城。
2. 坐火车可直达青田县城。
3. 坐汽车或自驾可沿金丽温高速或330国道至青田县城。

（二）标签饮食

❶ 青田田鱼干

田鱼是浙江省青田县著名的特产，为一种变种的鲤鱼，有多种颜色。虽出自稻田而无泥腥味，肉质细嫩，味道鲜美，鳞片柔软可食，营养十分丰富，深受人们的喜爱。青田田鱼除鲜食外，还可以制成田鱼干，不但便于携带且保色，且形美，味更浓，是馈赠亲友的佳品。

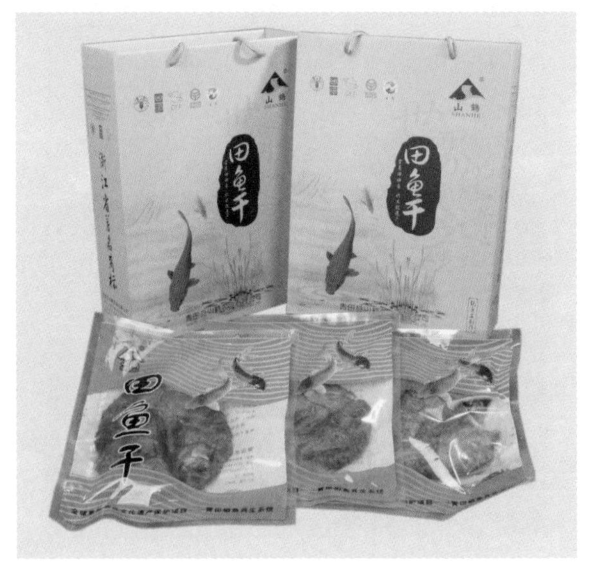

田鱼干（吴敏芳/摄）

田鱼干（青田旅游局/提供）

传统制法如下：

第一步——浸渍：将活鱼洗净（不去鱼鳞），从脊侧剖开，去内脏（不洗）做成雌雄片，整成圆形，加盐、酒等佐料，浸渍均匀备用。

第二步——蒸煮：将浸渍均匀后的鱼，顺特制大铁锅壁层层叠放（鱼鳞朝上），层间用少许麦秆隔开，以免粘连，放适量水敉火（中等火候）蒸煮，至水干鱼熟。

第三步——烘烤：将置有木炭的铁盘放在谷箩内，箩口置放大眼竹筛，将熟鱼放在筛上，层间也用麦秆隔开。暗火烘焙。待快干时，在火盆中加上谷糠，烟熏20~30分钟，用米代谷糠继续熏制，使田鱼干更具香味，且成品色泽金黄鲜亮。

❷ 酒店田鱼菜谱

A. 黄焖田鱼

主料：青田田鱼

配料：白玉菇、水发球海参、野笋干、五花肉

调味：浓汁鱼汤、盐、味精、黄酒、胡椒粉、葱姜、
红干辣椒，配上乡土年糕

B. 奶汤清炖田鱼

主料：青田田鱼

配料：人参菇、水发球海参、火腿

调味：浓汁鱼汤、盐、味精、黄酒、胡椒粉、葱姜汁

C. 竹篱田鱼

主料：青田田鱼

配料：白玉菇、水发球海参、竹篱

调味：浓汁鱼汤、盐、味精、黄酒、胡椒粉、葱姜、
红干辣椒、配上乡土年糕。

D. 田鱼茄子

主料：青田田鱼

配料：白玉菇、水发球海参、竹篱

调味：浓汁鱼汤、盐、味精、黄酒、胡椒粉、葱姜、
红干辣椒，配上乡土年糕。

E. 一品田鱼

一品田鱼非鱼非菜，而是一道点心。初见它时都会认为这是一条条活蹦乱跳的田鱼，好像要跳到桌子上似的。直到吃进嘴里，品到软糯口感和甜蜜的滋味，才让人感觉这形与味的似近且远。这道点心虽贵在外形的塑造，但面点师还在以面粉为主的食材中添加了胡萝卜汁，再搭配香甜的红豆沙，滋味更是一绝。

一品田鱼，似鱼非鱼。

田鱼烧螺蛳

烤田鱼

水煮田鱼烧豆腐

田鱼宴（青田农业信息网/提供）

（三）地方特产

❶ 青田石雕

青田石雕是以青田石作为材料雕制而成的艺术品。以秀美的造型、精湛的技艺博得人们喜爱，被喻为“在石头上绣花”，令人叹为观止，是中国传统石雕艺术宝库中一颗璀璨的明珠。

青田石雕（青田农业局/提供）

唐、宋时期，青田石雕有较大的发展。从龙泉双塔内发现的五代吴越国时期的青田石雕佛像造型说明，唐代青田石雕创作题材和技艺有突破性的进展。至宋代，青田石雕吸收了“巧玉石”制作工艺，运用“因势造型”、“依色取巧”的技巧，并发挥青田石自身石色、石质、可雕性的优势，开创了“多层次镂雕”技艺的先河。多层次镂雕是青田石雕一大特色。精致入微的刻画和复杂层次的处理是任何玉石雕刻都难以做到的。元、明时期，青田石被赵子昂、文彭等文人应用到印章篆刻艺术上，拓宽了石雕艺术门类。

青田石，地质学称“叶蜡石”，是一种耐高温的矿物。叶蜡石并非都可用于雕刻，可用以雕刻的是优等叶蜡石，它占总量不到百分之一。青田石色彩丰富、光泽秀润，质地细腻，软硬适中，可雕性极强。用青田石雕制的作品五彩缤纷、玲珑剔透、晶莹如玉，别具艺术效果。青田石英钟分子结构均匀细密，雕镂的线条可细微到头发丝而不断裂，做成印章，篆刻时走刀利落顺畅，印章久用不损边锋，印油不易渗入印体。

② 山油茶

油茶是我国特有的木本油料树种，也是世界四大木本油料树种之一，具有很好的生态效益和经济效益。利用山茶籽榨制的茶油，是一种优质食用油，其不饱和脂肪酸含量在90%以上，而且不含芥酸，比其他食用油更耐贮藏，不易酸败。食用茶油不仅因不会使人体胆固醇增高而适合高血压病患者食用，并且还具有减肥、降血脂、防止血管硬化等保健作用。青田县2004年有油茶21.4万亩，面积居全省第一，素有“浙南油库”之称。

③ 杨梅

青田县温暖湿润，四季分明，雨量充沛，具有得天独厚的杨梅生长自然环境。杨梅在青田县栽培已有悠久的历史，据清光绪《青田县志》载，杨梅有红、紫、白三种，红胜于白、紫胜于红，产季窟（季窟寮）者佳。有下坑梅、魁市梅、茶山梅、黑炭梅等传统品种，其中魁市梅成熟早，下坑梅品质最佳，享有盛名。

“山鹤”牌杨梅
（中国青田网/提供）

青田杨梅
（青田县旅游局/提供）

“山鹤”牌杨梅采自青田县重点优质杨梅基地，经选果、包装、上市后有“杨梅之秀”的美称，其色泽艳丽、甜酸适口、营养丰富，且具有生津止渴、祛暑解闷、利尿益肾、消积开胃等保健功效。以质优、果大、味美深受广大消费者的喜爱。

④ 地方小吃

糖糕——糯米粉加红糖掺水拌匀，放入铺有箬叶的蒸笼，内放一二层夹心肉，糕面放桂花、花生米、红枣，蒸10多小时，冷却后取出，状如磨盘，直径两尺许，厚十四五厘米，重二三十千克，吃来香糯、甜美，是过年或娶亲必备的佳品。

千层糕——早米加少许“槐花米”或“黄栀”，磨浆加“灰汤”，边煮边搅，至厚糊时倒入蒸笼蒸透。千层糕色黄，软韧，香柔，易消化。

青田糖糕（青田旅游局/提供）

青田酱板鸭（青田旅游局/提供）

青田北山索面（青田旅游局/提供）

青田绿茶（青田旅游局/提供）

《北山索面》

北山索面又称“纱面”，当地还有长寿的美称，传说这些名字是明朝皇帝给取的。

相传，明朝正德年间皇帝游江南经过处州，腊月二十七八到了青田。在章村黄寮一寺庙中，听和尚说附近有个叫石柱的村子，两根石笋又高又大，很有灵气。明武宗动了想去游玩的念头。

第二天，正德皇帝早起跋山涉水，傍晚时分到了巨浦石柱村，借宿在一位徐

姓的太公家里。徐太公为人厚道，虽不知客人是当今圣上，但仍待客如宾。腊月的天说变就变，次日天空上大雪风飞天寒地冻，积雪数尺，山路无法行走，明武宗不得不住下来，在徐太公家过年。

当地风俗正月初一早上，家家都要吃长寿面，以保老小健康，长寿百岁。徐太婆一早烧好长寿面，热情地端给客人吃。正德皇帝一看面洗如纱，汤呈酱色，绿葱漂浮，香气扑鼻，软弱可口，味如仙餐，好吃极了。自己在皇宫里从没有吃过这么味美的面条，立即赞不绝口，一连吃了两碗。问徐太公："这是什么面？"

徐太公一听急了，心想这是当地北山白岩手工索起来的面，哪里有什么名字，便随口答道："此面为本地用手索的索面。"正德皇帝误听为纱面，再看果然形如细纱，便也连声说："纱面，纱面，面长如纱，寿长如纱，妙！实在妙！"

几天过后，路上冰雪解冻，明武宗辞别了徐太公，回京城去了，但一直忘不了在青田北山吃过长寿面的味道，于是就差人把徐太公夫妻俩接到京城。徐太公带了一袋索面上京，令他想不到的是当年吃面的客人竟是当今皇上。正德皇帝见到二位客人后非常高兴，当即将索面命名为"长寿面"，把石柱八十方圆的山地赐给徐太公。据说那张当年皇帝封地的黄绢地契，至今还被徐太公的后人珍藏着呢。

搜集整理　徐成敏

（四）推荐路线

农业文化遗产之旅

方山龙现村—奇云山—龙源坑—延陵旧家—农耕文化展览馆—悟性寺

山水名人文化之旅

太鹤山景区—金鸡山—九门寨—九湾仙峡

石门洞景区—瓯江风景—陈诚故居

石雕文化之旅

青田石雕博物馆—中国石雕城—千丝岩景区

宗教文化之旅

清真禅寺—裕堂别墅—红罗山

欧陆风情之旅

临江路酒吧一条街

一日游行程

游青田石雕博物馆，赏精品石雕—赴山口石文化主题公园（印园、千丝潭、天梯、天门、罗汉壁、幽园、青蛙石千丝组桥、千丝庙宇）—特色餐厅—问石山庄享青田农家菜—参观中国石雕城，亲身体验石雕艺人创作的过程

二日游行程

D1：乘车前往石门洞景区游览（问津亭、鼓山、灵佑寺、催诗桥青云梯、刘基祠、石门飞瀑、高空吊索桥等）—欣赏瓯江美景—青田酒吧一条街—住城区

D2：游太鹤山公园（谢桥春晚、丹山溅玉、环翠孕秀、混元试剑等）—参观青田石雕博物馆，了解石雕文化—中国田鱼村（抓田鱼、吃田鱼、尝农家菜，赏农家田园风光，游龙现十八潭）—赴山口石文化主题公园（印园、千丝潭、天梯、天门、罗汉壁、幽园、青蛙石千丝组桥、千丝庙宇）—中国石雕城亲身体验石雕艺人创作的过程

青田县城至各稻鱼共生文化旅游点线路

1. 去青田县城各大酒店品尝各种田鱼菜谱。

2．去青田县城东部平演农家乐品尝传统田鱼菜谱。

3．青田县城西行30千米至石门洞景区石门飞瀑下观赏田鱼群，再去伯温古村品尝传统田鱼菜谱。

4．青田县城东南方向10~15千米旅游线路：

A．山口石雕城，观赏或购买稻鱼共生石雕作品；

B．山口千丝岩赏景区田鱼；

C．仁庄赏稻鱼共生田园美景或品尝鱼文化餐；

D．方山稻鱼共生博物园品尝鱼文化餐。

5．青田县城向东方向10千米旅游线路：

小舟山千亩梯田田园美景及稻鱼共生文化。

青田鸟瞰（上：青田旅游局/提供，下：舒巧敏/摄）

（五）旅行准备

推荐旅行社

青田旅游集散中心	电话：0578-6838777
青田侨乡旅行社	电话：0578-6512888
青田假日阳光旅游有限公司	电话：0578-6808775
青田和平旅行社	电话：0578-6500667

附录2 大事记

711年，唐睿宗景云二年，分括苍县建立青田县，隶属于括州。

1392年，明洪武二十四年，《青田县志》载“田鱼有红黑驳数色，于稻田及圩池养云”。

1875年，清光绪元年，《青田县志》载“田鱼有红黑驳数色土人在稻田及圩池中养之”。

1944年，民国三十三年，青田县政府工作报告中称，提倡农民稻田饲养田鱼，方山、四外、四内、二外、三外、南田赘里等各乡均有繁殖。每乡饲养量在一万尾以上，仅供自给。所养田鱼个体小、产量低，每亩产量仅5斤。

1949年，全县稻田养田鱼面积1万亩，田鱼年产量500担。

1955年，成立农业生产合作社，采取“水稻集体种，田鱼分户养”的办法。

1982年，全县稻田养田鱼面积达6.06万亩，占全县可养稻田面积60%，年产田鱼达4 470担，平均亩产7.3斤。

1985年，在小舟山乡小舟山村的108亩稻田养鱼面积中，抽样验收3.75亩，折合每亩稻谷533.5公斤、田鱼51.5公斤，首次实现亩产“粮超千斤，鱼过百斤”目标。

1990年，《青田县志》载“田鱼，由鲤鱼演化而来。体披黑色、红色、黑白斑的软鳞片。”，“方山农民有熏晒田鱼干的传统，逢年过节、请客送礼，视为珍品。”。

1991年，县农业局在东岸乡洲头村、双垟乡岭康村坑头垟自然村进行“垄畦法”水稻栽培养殖田鱼试验成功，并在全县推广。稻田养鱼项目获得省人民政府“农业丰收”一等奖。

1997年，稻田养鱼参加浙江省低产田改良综合利用项目，获得农业部“农业丰收”三等奖。

1998年，青田县地方标准中第一个农业标准《稻田养鱼》颁布。

1999年8月17日，青田鱼灯队赴北京参加五十周年国庆联欢晚会和国庆游园，获多项殊荣。

2000年，浙江省海洋与渔业局授予方山乡“田鲤之乡”称号。

2000年，费孝通在青田题词“中国田鱼村”。

2000年5月20日，青田鱼灯队参加杭州广场文化艺术节表演，获金奖。

2001年，“山鹤”牌青田田鱼、田鱼干在浙江渔业博览会上获得金奖。

2002年，方山、仁庄两乡镇稻田养鱼项目通过省无公害水产品养殖基地认证。“山鹤”牌青田田鱼获省绿色农产品认证。

2003年，龙现村被浙江省海洋与渔业局命名为优质高效水产养殖示范基地。

2003年，青田地方标准《稻田养鱼》修改为《田鱼综合标准》。

2004年，全县稻田养鱼超10万亩，总产量2 000多吨，平均亩产20公斤，产值4 000多万元。

2005年6月9-10日，全球重要农业文化遗产保护项目——青田稻鱼共生系统启动和研讨会在杭州召开。

2005年6月10-11日，全球重要农业文化遗产保护项目授牌仪式在青田举行，全球重要农业文化遗产揭碑仪式在青田县方山乡龙现村举行。标志着青田稻鱼共生系统被联合国粮农组织列入首批5个全球重要农业文化遗产保护项目试点之一、中国第一个全球重要农业文化遗产保护项目。

2006年，青田县被命名“浙江民间艺术之乡（鱼灯）”。

2006年，“山鹤牌”青田田鱼经中国绿色食品发展中心审核批准，被认定为绿色食品A级产品，许可使用绿色食品标志。

2006年7月29-30日，“全球重要农业文化遗产保护项目——青田稻鱼共生系统多方参与机制研讨会”在青田召开。

2007年,《青田县稻田养鱼产业化示范与推广》项目获丽水市农业丰收一等奖。

2007年，在浙江省农博会上，省委书记赵洪祝视察青田稻鱼共生系统展示。

2008年6月，《青田县稻田养鱼产业化示范与推广》项目获浙江省农业丰收二等奖。

2009年2月，FAO/GEF-全球重要农业文化遗产（GIAHS）动态保护和适应性管理项目青田稻鱼共生系统试点在北京正式启动。

2009年6月，在青田召开农业文化遗产保护与乡村博物馆建设论坛。

2009年11月5日，农业部副部长牛盾来青田调研稻鱼共生系统和青田石雕。

2010年6月，青田稻鱼共生系统授牌五周年纪念会召开，并举办稻鱼共生农业文化遗产博物园奠基仪式、稻鱼共生农业文化遗产联合研究中心揭牌仪式。

2011年，《青田县图志》有特色长廊："石雕之乡、田鱼之乡、华侨之乡、名人之乡"

2011年11月，青田县方山稻田养鱼精品园被列为"浙江省现代农业园区特色精品园"。

2012年，《青田县志》"田鱼之乡"之篇有"稻鱼共生、田鱼文化、农业文化遗产"三章记叙。

2012年9月，方山乡举办首届田鱼文化节。

2013年，青田小舟山梯田荣获农业部"中国美丽田园"称号。

2013年5月，青田稻鱼共生系统被农业部列为"中国重要农业文化遗产"。

2013年10月，青田县稻鱼共生产业协会成立。

2013年12月，青田田鱼获国家地理标志证明商标。

2014年，仁庄镇稻田养鱼示范区为"浙江省现代农业园区示范园"。

2014年3月18日，小舟山乡的创意油菜花梯田景观荣获了由农业部"全国休闲农业创意精品展"金奖。

2014年4月，青田首届开犁节在小舟山乡举行，主题为"传承农耕文化，品赏最美梯田"。

2014年4月，方山乡农民金岳品因在稻鱼共生系统农业文化遗产保护和发展方面的突出表现，获联合国粮农组织"亚洲模范农民"称号。

2014年8月4日，《青田田鱼》地方标准正式发布。

2014年8月，青田田鱼、青田田鱼干获国家生态原产地保护产品。

2014年10月，青田稻鱼产品参加中国国际农产品交易会展览。

2015年6月，青田鱼灯舞在意大利米兰世博会中国馆日表演。

附录3 全球/中国重要农业文化遗产名录

❶ 全球重要农业文化遗产

2002年，联合国粮农组织（FAO）发起了全球重要农业文化遗产（Globally Important Agricultural Heritage Systems, GIAHS）保护项目，旨在建立全球重要农业文化遗产及其有关的景观、生物多样性、知识和文化保护体系，并在世界范围内得到认可与保护，使之成为可持续管理的基础。

按照FAO的定义，GIAHS是“农村与其所处环境长期协同进化和动态适应下所形成的独特的土地利用系统和农业景观，这些系统与景观具有丰富的生物多样性，而且可以满足当地社会经济与文化发展的需要，有利于促进区域可持续发展。”

截至2014年年底，全球共13个国家的31项传统农业系统被列入GIAHS名录，其中11项在中国。

全球重要农业文化遗产（31项）

序号	区域	国家	系统名称	FAO批准年份
1	亚洲	中国	浙江青田稻鱼共生系统 Qingtian Rice-Fish Culture System	2005
2			云南红河哈尼稻作梯田系统 Honghe Hani Rice Terraces System	2010
3			江西万年稻作文化系统 Wannian Traditional Rice Culture System	2010
4			贵州从江侗乡稻—鱼—鸭系统 Congjiang Dong's Rice-Fish-Duck System	2011

续表

序号	区域	国家	系统名称	FAO批准年份
5	亚洲	中国	云南普洱古茶园与茶文化系统 Pu'er Traditional Tea Agrosystem	2012
6			内蒙古敖汉旱作农业系统 Aohan Dryland Farming System	2012
7			河北宣化城市传统葡萄园 Urban Agricultural Heritage of Xuanhua Grape Gardens	2013
8			浙江绍兴会稽山古香榧群 Shaoxing Kuaijishan Ancient Chinese Torreya	2013
9			陕西佳县古枣园 Jiaxian Traditional Chinese Date Gardens	2014
10			福建福州茉莉花与茶文化系统 Fuzhou Jasmine and Tea Culture System	2014
11			江苏兴化垛田传统农业系统 Xinghua Duotian Agrosystem	2014
12		菲律宾	伊富高稻作梯田系统 Ifugao Rice Terraces	2005
13		印度	藏红花文化系统 Saffron Heritage of Kashmir	2011
14			科拉普特传统农业系统 Traditional Agriculture Systems, Koraput	2012
15			喀拉拉邦库塔纳德海平面下农耕文化系统 Kuttanad Below Sea Level Farming System	2013
16		日本	能登半岛山地与沿海乡村景观 Noto's Satoyama and Satoumi	2011
17			佐渡岛稻田—朱鹮共生系统 Sado's Satoyama in Harmony with Japanese Crested Ibis	2011
18			静冈县传统茶—草复合系统 Traditional Tea-Grass Integrated System in Shizuoka	2013

续表

序号	区域	国家	系统名称	FAO批准年份
19	亚洲	日本	大分县国东半岛林—农—渔复合系统 Kunisaki Peninsula Usa Integrated Forestry, Agriculture and Fisheries System	2013
20			熊本县阿苏可持续草地农业系统 Managing Aso Grasslands for Sustainable Agriculture	2013
21		韩国	济州岛石墙农业系统 Jeju Batdam Agricultural System	2014
22			青山岛板石梯田农作系统 Traditional Gudeuljang Irrigated Rice Terraces in Cheongsando	2014
23		伊朗	坎儿井灌溉系统 Qanat Irrigated Agricultural Heritage Systems of Kashan, Isfahan Province	2014
24	非洲	阿尔及利亚	埃尔韦德绿洲农业系统 Ghout System	2005
25		突尼斯	加法萨绿洲农业系统 Gafsa Oases	2005
26		肯尼亚	马赛草原游牧系统 Oldonyonokie/Olkeri Maasai Pastoralist Heritage Site	2008
27		坦桑尼亚	马赛游牧系统 Engaresero Maasai Pastoralist Heritage Area	2008
28			基哈巴农林复合系统 Shimbwe Juu Kihamba Agro-forestry Heritage Site	2008
29		摩洛哥	阿特拉斯山脉绿洲农业系统 Oases System in Atlas Mountains	2011
30	南美洲	秘鲁	安第斯高原农业系统 Andean Agriculture	2005
31		智利	智鲁岛屿农业系统 Chiloé Agriculture	2005

❷ 中国重要农业文化遗产

我国有着悠久灿烂的农耕文化历史，加上不同地区自然与人文的巨大差异，创造了种类繁多、特色明显、经济与生态价值高度统一的重要农业文化遗产。这些都是我国劳动人民凭借独特而多样的自然条件和他们的勤劳与智慧，创造出的农业文化的典范，蕴含着天人合一的哲学思想，具有较高的历史文化价值。农业部于2012年开始中国重要农业文化遗产发掘工作，旨在加强我国重要农业文化遗产的挖掘、保护、传承和利用，从而使中国成为世界上第一个开展国家级农业文化遗产评选与保护的国家。

中国重要农业文化遗产是指“人类与其所处环境长期协同发展中，创造并传承至今的独特的农业生产系统，这些系统具有丰富的农业生物多样性、传统知识与技术体系和独特的生态与文化景观等，对我国农业文化传承、农业可持续发展和农业功能拓展具有重要的科学价值和实践意义。”

截至2014年年底，全国共有39个传统农业系统被认定为中国重要农业文化遗产。

中国重要农业文化遗产（39项）

序号	省份	系统名称	农业部批准年份
1	天津	滨海崔庄古冬枣园	2014
2	河北	宣化传统葡萄园	2013
3		宽城传统板栗栽培系统	2014
4		涉县旱作梯田系统	2014
5	内蒙古	敖汉旱作农业系统	2013
6		阿鲁科尔沁草原游牧系统	2014
7	辽宁	鞍山南果梨栽培系统	2013
8		宽甸柱参传统栽培体系	2013
9	江苏	兴化垛田传统农业系统	2013
10	浙江	青田稻鱼共生系统	2013
11		绍兴会稽山古香榧群	2013
12		杭州西湖龙井茶文化系统	2014
13		湖州桑基鱼塘系统	2014
14		庆元香菇文化系统	2014

续表

序号	省份	系统名称	农业部批准年份
15	福建	福州茉莉花种植与茶文化系统	2013
16		尤溪联合体梯田	2013
17		安溪铁观音茶文化系统	2014
18	江西	万年稻作文化系统	2013
19		崇义客家梯田系统	2014
20	山东	夏津黄河故道古桑树群	2014
21	湖北	羊楼洞砖茶文化系统	2014
22	湖南	新化紫鹊界梯田	2013
23		新晃侗藏红米种植系统	2014
24	广东	潮安凤凰单丛茶文化系统	2014
25	广西	龙脊梯田农业系统	2014
26	四川	江油辛夷花传统栽培体系	2014
27	云南	红河哈尼梯田系统	2013
28		普洱古茶园与茶文化系统	2013
29		漾濞核桃—作物复合系统	2013
30		广南八宝稻作生态系统	2014
31		剑川稻麦复种系统	2014
32	贵州	从江稻鱼鸭系统	2013
33	陕西	佳县古枣园	2013
34	甘肃	皋兰什川古梨园	2013
35		迭部扎尕那农林牧复合系统	2013
36		岷县当归种植系统	2014
37	宁夏	灵武长枣种植系统	2014
38	新疆	吐鲁番坎儿井农业系统	2013
39		哈密市哈密瓜栽培与贡瓜文化系统	2014